KB044833

송일준의 나주 수첩 ❷

송일준의 나주 수첩

2

글·사진 송일준

스타북스

퇴직 후, 제주도 한 달 살기에 이어 나주 오래 살기를 시작했다. 나주는 유년시절의 모든 추억이 있는 곳, 친구들이 살고 있고 눈에 익은 풍경과 냄새가 있는 곳, 서울에 살면서 늘 그리웠던 곳이다.

혁신도시에 살면서 나주 구석구석을 돌아다녔다. 역사적 장소와 인물, 뉴트로하거나 현대적인 카페, 맛집을 탐방하고, 지역재생을 위해 애쓰고 의미 있는 일을 하는 사람들을 만났다.

보고 듣고 느낀 것을 글로 적었다. 제주도 한 달 살기 때는 매일 일기를 썼지만 나주에서는 띄엄띄엄 글을 썼다. 그래도 거주한 시간이 길어지니 쌓인 글의 양이 솔찬히 많아졌다.

나주에는 풍부한 역사문화 자원과 수많은 역사적 인물들이 있다. 흥미진진한 스토리들이 있다. 백제에 의해 완전히 복속당하기 전까지 마한의 중심지였고 고려 혜종 때 나주라는 이름으로 명명된 지 천년이 넘은 고도이니 당연한 일이다.

하지만, 나주 하면 배 말고 다른 걸 떠올리는 사람들이 얼마나 될까. 나주를 가볼 만한 관광지로 생각하는 사람이 얼마나 될까.

풍부한 자원을 매력적인 관광콘텐츠로 만들어내지 못한 탓이 크다. 개발은 덜 됐지만 있는 그대로도 볼만한 가치가 있는 것이 적지 않은데 제대로 알려지지 않은 탓이 크다.

나주에는 전국적으로 유명한 나주곰탕의 원조집이 있고 600년 역사의 홍어음식 거리가 있다. 영산강이 만들어내는 아름다운 풍경과 헤아릴 수 없이 많은 역사문화관광 자원들이 있다.

우리 역사를 수놓은 위대한 인물들이 나주 태생이거나 나주와 관계를 맺었다. 고려를 무너뜨리고 조선을 개국한 혁명가 정도전, 거북선을 만들어 이순신 장군과 함께 왜적을 물리친 나대용 장군, 조선 최고의 로맨티스트 시인 백호 임제, 고려 말 왜구 격퇴의 명장 정지 장군, 한글 창제의 일등 공신 신숙주, 임란 의병장 금계 노인, 표류문학의 금자탑인 표해록의 저자 최부, 항일독립투사 아나키스트 나월환 등등.

백년 넘는 세월 동안 쇠락의 길을 걷던 나주가 반전의 계기를 잡은 것은 광주전남 공동혁신도시가 들어서면서부터다. 서울에서 KTX와 SRT가 서는 나주역까지 두 시간이면 충분하다. 당일치기든 며칠이든 여행하기 좋다.

흥미진진하고 매력적인 나주의 이야기를 많은 사람들에게 들려주고 싶다. 지난 7개월, 바쁜 시간을 쪼개 구석구석을 탐방하고 글쓰기에 매진했다. 남들 다 가는 여행지가 아닌 곳을 원한다면, 남도의 역사수도가 어떤 곳인지 알고 싶다면, 나주로 오시라.

아직도 탐방하고 써야 할 것들이 많지만 우선 지금까지의 기록을 모아 책으로 펴낸다. 〈송일준 PD 제주도 한 달 살기〉에 이어 두 번째다. 책을 읽고 나주가 보고 싶어지면 바로 여행길에 나서시라. 떨리는 가슴이 있고 튼튼한 다리가 있다면 차를 몰든 기차를 타든 나주를 향해 떠나시라. 나주가 당신을 기다리고 있다.

2022년 1월 20일
나주 혁신도시 카페 '더 코지 블랭크'에서

차례

남평 월현대산 공원을
산책하다

    오랜만의 아침 산책. 남평 사는 분이 꼭 가보라던 월현대산 근린공원으로 정했다.

    도로표지판에 써 있는 한자는 越峴垈다. 인터넷을 검색해보니 월현대산의 별칭이 많기도 하다. 성덕산, 성산, 호산…. 월연대산月延垈山이라는 이름도 있다. 달 월 자를 쓴다! 월현대산月峴垈山이라고 써놓은 곳도 있다. 넘을 월 자보다는 달 월 자를 쓰는 이름이 더 정취가 있다. 높이는 119미터. 외우기 딱 좋다. 주차장까지 올라가는 길은 좁다. 조심조심 차를 몰아 꼭대기 전망정자 쪽으로 방향을 잡는다. 곧 나타나는 누각. 남평루라고 쓰여 있다. 야자수 매트가 깔린 경사길. 습기를 머금은 매트가 미끄럽다. 정상에 있는 전망정자. 옛날 건축물인가 했더니 아니다. 지은지 얼마 안 된 것임을 한 눈에 알겠다. 남평 강변도시를 조성하면서 월연대산을 명품 공원으로 조성하자고 주민들이 의견을 모았단다. 정자도 그때 지어진 듯하다. 공원에 비슷한 정자들이 여럿 있다. 그 중

월연대산 공원의 아침 산책. 아주 상쾌했다.

정상에 있는 정자만이라도 전통 한옥정자로 제대로 지었으면 더 멋있었을 텐데.

　정자에서 내려다보는 전망은 생각만큼 시원하지 않다. 시야가 탁 트이지 않는다. 정상 반대편 봉우리에도 정자가 있다. 정자 주변은 초화원이다. 깔끔하게 단장돼 있다. 아래로 남평읍 강변도시가 내려다보인다. 오래전 남평은 번창했다. 남평에는 남평 문씨의 시조탄생과 관련된 전설이 있는 문바위(문암)가 있다. 신라 때. 서기가 어린 바위 옆에 놓인 상자 안에 옥동자가 들어 있었다. 등과 배에 글월 문文자가 쓰여 있었다. 문다성은 6세기 신라 지증왕 진지왕 때 여러 벼슬을 했다. 문재인 대통령이 남평 문씨다. 강변도시 앞으로 드들강이 흐른다. 아름다운 강이다. 드들강은 지석천의 옛 이름이다. 슬픈 이야기가 전해진다. 홍수가 나면 강이 범람해 피해가 컸다. 주민들이 둑을 쌓았으나 번번히 터졌다. 디딜

(드들)이라는 처녀를 제물로 바친 후, 둑은 더 이상 터지지 않았다. 왜 모든 전설에 등장하는 제물은 여성, 게다가 처녀인가. 심청이도 디딜이도. 행패를 부리는 신은 분명 남자였다. 이런 류의 전설에서 여성들은 언제나 희생자다. 현실 사회의 남성우위 권력구조는 전설에도 반영돼 있다.

강변 솔밭에는 김소월의 시 '엄마야 누나야 강변 살자'에 곡을 붙인 안성현 선생의 기념비가 서 있다. 안성현 선생은 '부용산'의 작곡가다. 빨치산들이 즐겨 불렀다 해서 오랜 세월 동안 금지곡이었다. 도올 선생이 여순사건에 관한 강의를 하는 도중에 불러서 유명해졌다. 곡조도 사연도 슬픈 노래다. 안성현 선생은 남평 출신인데 월북했다. 북한에서 활동하며 많은 음악적 업적을 남겼다. 분단, 남북대립, 국가보안법, 빨갱이 타령… 오랫동안 안성현 선생을 기리는 사업은 할 수 없었다. 요즘은 남평 사람들이 기념사업을 추진하고, 나주 원도심에서 카페 예가체프를 운영하면서 음악공동체 무지크바움을 이끄는 조기홍 대표가 안성현 선생 기념 음악회를 개최하고 있다.

표지판이 망배유적비를 가리키는 방향으로 내려간다. 조금 아래 쪽에 정자가 있다. 월현정이다. 그 앞에 망배유적비가 있다. 남평 출신 치재 정극융 선생의 충절을 기리는 비다. 치재는 세조에 의해 단종이 노산군으로 강봉되자 단종이 계신 영월을 향해 망배하고 슬피 통곡하였다. 끝내 단종이 죽임을 당하자 3년 동안 하루 같이 복상하며 제일祭日에는 성덕산(월연대산) 꼭대기에 올라 북쪽을 향해 망배하고 단종을 추모하였다. 사람들은 그 충절에 감탄하며 이곳을 월연대라 칭했다. 남평 사람들의 기질에 관해 들은 말이 떠오른다.

"고춧가루 서 말을 먹고 삼십 리 물속을 가는 것이 남평 사람이여."

월연대산 정상에서 내려다본 남평읍 풍경.

　일제 강점기 때 나온 말이라니 나는 이렇게 해석한다. 남평사람들은
워낙 드세고 강해서 통치하기 힘들었다. 잡아다 고춧가루를 먹이고 물
고문을 해도 쉽게 굴복하지 않았을 것이다. 일제에 굴복하지 않고 불의
에 저항하는 억센 기질을 가진 남평 사람들. 치재 정극용 선생의 충절,
신조, 의리가 남평 사람들의 피 속에 면면히 흐르고 있는 게 아닐까. 월
현정에서 내려다보이는 풍경. 눈 앞에 펼쳐진 남평들녘과 그 앞을 흐르
는 드들강. 인근에 높은 아파트들이 서 있다.
　시야를 가리고 획일적인 디자인이 거슬리긴 하지만, 도시인의 시각으

로 볼 것만은 아니다. 쇠락 일변도를 걷던 남평에 인구가 늘어나고 활기가 생기기 시작한 것은 아파트단지 덕이다. 그렇더라도 조금 더 자연환경에 어울리는 디자인과 높이로 지었으면 좋지 않았을까 생각한다.

지음농장의 건강한 닭이 낳은
건강한 달걀

"나주 다도면에 유전자 변형 사료를 먹이지 않고 달걀을 생산하는 귀농한 사람이 있어요. 최고의 달걀도 살 겸 한 번 만나보셔요."

페북에서 나주수첩을 열심히 읽고 있는 후배가 카톡을 보내왔다. 후배가 소개한 지음농장은 나주시 다도면에 있다. 휴대폰 지도에 주소*를 치면 알오네농장이란 이름으로 표시돼 있다. 다도우체국과 남평중학교 사이로 난 좁은 길을 따라 조심조심 올라가자 작은 하천이 나타난다. 궁원천이다. 다리를 건너 차량 한 대가 겨우 지나갈 수 있는 좁은 시멘트 길을 조금 더 달리자 철조망으로 둘러쳐진 축사들이 보인다. 붙어 있는 간판이 발길을 멈춰 세운다. '소독철저'. 혹시나 모를 전염병 예방을 위해서일 것이다. 지음농장 강순연 대표는 어떻게 귀농을 했고, 어떻게

---

* 지음농장 (주소) 나주시 다도면 다도로 753-46 (전자우편) soon4023@hanmail.net
(다음 카페 웹사이트) cafe.daum.net/richness

나주시 다도면 소재지에 있는 지음농장. 소독철저라고 쓰인 간판이 문에 붙어 있다.

이곳에서 닭을 키우게 됐을까. 닭장 구경은 이야기를 듣고 나서 하기로 한다.

강순연 씨는 이십대에 두산그룹에 소속된 회사에 들어가 서른이 넘을 때까지 일했다. IMF 위기가 닥치자 그룹은 경영상황이 나쁘지 않았는데도 그가 다니던 회사를 매각했다. 그는 희망퇴직 대상자로 지목되진 않았지만 계속 회사를 다닐 맘이 사라졌다. '차라리 그만 두고 내 사업을 하자. 아직 젊은데 뭔들 못하겠어.'

1999년 사표를 내고 컴퓨터 조립과 유지보수 사업을 시작했다. 때마침 IT붐이 불어 PC방이 우후죽순 생겨났다. 광주에서 한 달에만 평균 열 군데 이상의 PC 방이 문을 열었다. 작은 PC방은 스무 대, 큰 데는 백 대까지 컴퓨터가 필요했다. 사업은 그야말로 노다지였다. 한 달에 과거 직장에서 받던 월급 일 년치를 벌었다. 그 다음은 상투적인 스토리다. 술, 그리고…. 큰 돈이 생기자 더 큰 돈을 벌고 싶었다. 그걸 알고 누군가 유혹했다. 아파트 토목공사에 진출했다. 큰 욕심만큼이나 크게 실패했다. 그러던 어느 날

"광주 일곡동에서 친구랑 밥을 먹고 소주 한 잔을 했어요. 한 잔 더하러 가자고 식당문을 나서다가 계단에서 고꾸라졌습니다. 발을 헛디딘 게 아니라, 갑자기 의식을 잃고 서 있는 채로 통나무가 쓰러지듯 그대로 앞으로 쓰러진 겁니다. 턱이 깨지고 치아가 무려 열여섯 개나 나갔어요. 전남대병원에 입원해 대수술을 했죠. 턱이 붙는 동안 깁스를 한 채 꼼짝 못하고 서너 달을 지내야 했구요."

의사는 1년 정도 쉴 것을 권했다. 삼십대 초반의 젊은 나이였지만 사고가 날 즈음엔 심신이 많이 망가져 있었다. 큰 수술 후 몸이 온전히 회복되려면 상당한 시간이 필요했다. 의사의 권고도 있고 해서 그는 놀멍 쉬멍 소일하고 있었다. 어느 날. 나주시 노안의 아는 동생을 방문했다. 동생은 여러 종의 가축들과 4백 마리 정도 닭을 키우고 있었다. 강 씨의 눈에 닭이 들어왔다. '소일 삼아 나도 닭이나 한 번 키워볼까.'

동생은 자기가 도와줄 테니 해보라고 부추겼다. 닭을 키울 수 있는 적당한 땅을 영암에서 찾았다. 대나무 숲에 둘러싸인 빈 터. 마을에서도 제법 떨어져 있었다. 그런데 마을회관으로 찾아가 만난 동네사람들이 무조건 반대했다. 규모가 작아서 몇 백 마리 정도밖에 안된다고 사정을 해도 소용없었다. 통닭과 술을 사들고 몇 번을 찾아가고 나서야 겨우 허락을 받았다. 동네 사람들의 알선으로 애초의 장소가 아닌 마을 안쪽 땅을 사 계사鷄舍를 짓고 닭을 키웠다.

"양계는 두 종류로 나눠요. 하나는 고기를 목적으로 하는 육계, 다른 하나는 달걀을 목적으로 하는 산란계. 저는 산란계농장이지요."

소를 키우는 곳보다 닭이나 돼지를 키우는 곳에서 나는 냄새가 훨씬 심하다. 그래서 민가로부터 최소한 5백m 이상 떨어져 있지 않으면 아예 농장 허가가 나지 않는다. 그나마 산란계 농장은 육계 농장보다 냄새가 덜하다. 닭이 편하게 먹고 쉬고 알을 낳을 수 있도록 하는 데 더 신경을 쓰기 때문이다. 쉬어가면서 할 생각으로 시작한 양계장이었지만, 막상 하다보니 배울게 너무 많아 양계에 관해 열심히 공부하면서 닭을 키웠다. 그런데 4백 마리가 낳는 달걀을 팔아 버는 돈은 백만 원 정도. 집에서 농장까지 왔다 갔다 하며 쓰는 기름값을 제하니 첫 달 수입이 고작 오십팔만 원이었다.

게다가 동네 사람들과 마찰이 생겼다. 종종 농장에 들러 그냥 계란을 들고 가는 것까지는 어찌 참을 수 있는데, 닭 4백 마리 키워서 무슨 떼돈을 번다고 마을에 무슨 행사가 있거나 때가 되면 찬조금을 요구했다. 솔직하게 수입을 얘기해도 믿으려 하지 않았다. '닭 키울 땅 찾아 삼만리'가 시작됐다. 여기 저기 돌아다니다가 나주 다도면에서 현재의 땅을 발견했다. 그런데 계사를 지을 경우 마을과의 거리 기준을 충족할 수 없었다. 마을 끝 집에서 떨어진 거리가 불과 3백m 밖에 안 됐다. 다만 예외 규정은 있었다. 마을 사람 90% 이상이 찬성할 경우다.

"평당 싯가에 만 원을 더 얹어 줄 테니 주민들의 찬성을 받아 달라. 절대 냄새는 안 나게 키우겠다. 만일 참기 힘든 냄새가 난다면 언제든 계사를 폐쇄하겠다."

땅은 어느 집안의 문중 소유였다. 문중 회의가 열렸고 다수가 땅을 팔

지음농장에서는 닭들을 좁은 칸에 가두지 않고 흙 위에 놓아 먹이고, 충분한 잠자리, 산란장, 모이그릇을 마련해 주고, 언제든 충분히 물을 마실 수 있도록 해준다.

고 계사를 짓도록 찬성했다. 그는 공장식이 아닌 방법으로 양계를 할 작정이었다. 공장식 양계장의 경우, 가로 세로 30cm의 닭장에 닭을 가두고 키우면서 각종 항생제 주사를 맞고 알을 낳는 일을 시키다가 산란능력이 떨어지면 폐기처분하는 방식인데, 강 대표는 친환경 양계방식을 도입했다. 닭들은 땅 위에서 자유롭게 활동하면서 건강한 알을 낳는다. 일본인 야마기시山岸가 개발한 양계방식으로 공기의 대류현상을 이용해 위는 뜨겁지만 아래는 시원하게 유지할 수 있도록 축사를 지었다. 계사는 높은 천장에 옆이 뻥 뚫려 있다. 닭똥은 계사 안에서 금세 마르고 부서진다. 공장식 양계장에 비해 냄새가 거의 안 날 수밖에 없다.

지음농장에는 세 동의 계사에 3천 마리의 닭들이 살고 있다. 허가 받은 사육 두수는 6천 마리지만 반 정도만 기른다. 평균 산란율은 75% 정도. 현재는 닭을 교체하는 시기라 알을 낳는 닭은 천 마리 정도다. 한참 자라고 있는 2천 마리는 9월이 되면 알을 낳기 시작할 것이다. 그때쯤 현재의 산란계 천 마리는 폐기해야 한다. 산란계 천 마리가 하루에 450~600개 정도의 알을 낳는다. 계란 한 판에 만2천 원에 낸다. 시세는 나쁘지 않다.

"내가 닭을 키운다고 생각했는데 어느 날 문득 닭들이 나를 키우고 있다는 생각이 들었어요. 그래서 평생 알 낳는 기계로 살다 가는 운명이지만 살아 있는 동안이라도 닭답게 살게 해주어야 한다고 생각했죠."

좁은 칸에 가두지 않고 흙 위에 놓아 먹이고, 편안한 잠자리, 산란장, 모이그릇을 마련해주고, 언제든 충분히 물을 마실 수 있도록 해준다. 계사는 아무리 더워도 덥지 않게 유지한다. 지음농장은 나주시 동물복지 농장으로 인정받았다. 철저한 위생 관리로 해썹HCCP 인증도 받았다.

오래 전 힘들었던 때, 아는 동생이 하는 걸 보고 따라서 닭을 키우기 시작한 지 이십년이 되어 간다. 다른 양계 농장에 비하면 작은 규모지만 강순연 대표는 만족한다. 계란 시세의 등락에 따라 수입은 왔다 갔다 하지만 한 달 평균 천만 원은 넘는다.

아들 딸도 잘 키웠다. 웹툰 작가인 딸은 코로나 때문에 서울에서 내려와 재택근무를 하고 있다. 대학에 다니던 아들은 군대를 다녀온 후 아버지 일을 돕고 있다. 강 대표는 아들이 농업대학으로 옮기면 좋겠다고 권했다.

"살아보니 대기업에 들어가도 대단할 게 없더라. 저 마음 편하고 여유 있게 살 수 있으면 농촌도 좋다. 요즘 농촌은 옛날과 달라 돈도 잘 벌고 충분히 행복하게 살 수 있어."

아들 강현성 군도 아버지의 조언에 마음이 움직여 전북 혁신도시에 있는 한국농수산대학에 들어갈 생각이다. 한농대는 입학금도 없고 재학 3년 동안 학비와 기숙사비를 전액 국비로 지원하는 국립대학이다. 고급 농어업인을 양성하는 한농대 지원자는 갈수록 늘어나고 있다. 농어업의 미래가 밝다는 생각을 하는 사람들이 많아지고 있다는 뜻일 것이다. 그의 가족은 원도심의 아파트에 산다. 아내는 원도심 터미널 부근에서 미용실 미미를 운영한다. 큰 욕심을 부리지 않고 매일 성실하게 사는 삶이 행복하다. 사람들만이 아니라 닭도 행복한 세상이 되었으면 좋겠다.

삼색삼즐,
꽃차교실 수다향

"잠깐만 기다려주세요. 금방 다 땁니다."

수다향을 찾아갔을 때 송명희 원장은 꽃밭에서 꽃잎을 따고 있었다. 기와집 안으로 들어간다. 너른 거실이 교실이다. 형형색색 마른 꽃잎들이 들어있는 크고 작은 투명 플라스틱 통이 진열장에 가득하다. 거실 한쪽에 놓인 테이블 의자에 앉는다. 송 원장이 따온 꽃잎을 손질한다.

"접시꽃 같이 생겼네요."

"금화규라는 꽃이에요. 콜라겐과 여성호르몬이 많이 들어있어요."

"식물에도 콜라겐이 있나요?"

"그럼요. 식물성 콜라겐. 금화규 꽃잎에 들어 있고 꽃받침에는 더 많아요."

꽃잎과 꽃받침을 덖어서 금화규차를 만드는데 콜라겐과 여성호르몬이 많아 갱년기 여성한테 좋고 염증과 고혈압 치료에 도움이 된단다.

"더우실 텐데 시원한 꽃차 한 잔 드릴까요?"

꽃차교실 수다향은 송명희 원장네 집 한 쪽에 지은 기와집이다. 마당에는 작은 연못이 있고 활짝 핀 꽃들이 가득하다.

투명 유리잔에 얼음을 띄운 꽃차를 내온다. 유리잔 전체가 보라색으로 물들었다. 빨대를 꽂고 빨아들인다. 시원한 찻물이 식도를 타고 내려간다. 뱃속까지 서늘해진다.

"팬지꽃차예요."

"팬지꽃으로도 차를 만들어요?"

"그럼요. 꽃차에 알러지가 있는 사람도 안심하고 마실 수 있는 차여요."

꽃차에 알러지 반응을 보이는 사람도 있나 했다가 그럴 수 있겠다 생각한다. 봄철 나무에서 날리는 꽃가루에 심한 비염을 앓는 사람들이 많다는 사실을 상기한다.

전에는 나도 봄만 되면 비염이 심해져 숨쉬기 불편했다. 병원에서 알러지 검사를 받았다. 샤프펜슬 같은 걸로 꼭 집어 피부를 뜯어낸 곳에 특정 알러지 유발물질을 바르고 한참 기다린 후 부풀어 오른 두드러기의 크기를 잰다. 일정 크기 이상이면 그 물질에 알러지가 있다고 판정한다. 고등어, 바퀴벌레 가루, 고양이 털, 꽃가루… 알러지 반응을 보이는 물질이 많기도 했다. 알러지 약이 너무 독해서 한꺼번에 많이 먹을 수 없었다. 몇 가지 알러지에 대처하는 약만 처방받았다. 약을 먹는다고 알러지를 근절시킬 수 있는 것은 아니고 증상을 약화시킬 뿐이라고 의사는 설명했다. 환자도 모르는 사이에 알러지가 사라지는 경우도 있다고 했다. 알러지는 현대의학으로도 제대로 밝혀내지 못한 신비의 영역이다. 매일 한 움큼씩 먹는 것이 귀찮아서 얼마 안 가 약 복용을 중단해버렸는데도 시간이 흐르면서 비염 증상은 크게 완화되었다. 다른 알러지 유발물질에 대해서도 별 반응을 안 하는 건지 알러지 땜에 고생하는 일은 사라졌다. 그런데 왜 팬지꽃차는 알러지를 일으키지 않는 걸까?

"팬지꽃은 수술이 없어요. 꽃가루가 없으니 알러지를 일으키지 않는 거예요."

'수다향'은 나주시 문평면에 있는 송명희 원장 집 한 쪽에 지은 기와집이다. 마당에는 작은 연못이 있고 활짝 핀 꽃들이 가득하다. 손톱만큼 작은 꽃부터 손바닥 만한 꽃까지 종류도 다양하다. 송 원장 부부는 원래 서울에서 살았다. 환경 부처에서 일하던 남편은 공무원 생활 십여 년 만에 자진해서 퇴직하고 귀농했다. 25년 전 일이다. 문평에서 젖소를 키우기 시작했다. 현재는 팔십 마리를 키우면서 하루 1톤 정도의 우유를 생산한다. 우유 1킬로그램 당 천원 조금 넘는 값이다. 송 원장은 사회 활동에 관심이 많았다. 정치에도 관심이 많았다. 좋아하는 정치인을 위해 열

수다향에서는 꽃차와 차에 따르는 것들(다포, 다건 등)의 제조법만이 아니라, 천연 세제, 화장품, 비누 같은 천연제품 만드는 법까지 토탈공예를 가르친다.

성을 다해 뛰어다녔다. 그러다가 문득 정치가 오히려 지역을 분열시키고 지역발전을 저해하는 게 아닌가 하는 생각이 들었다. 꽃차를 배우고 가르치는 일에 몰두하기 시작했다.

"화순에 꽃차를 가르치는 선생님이 계셔서 문평과 화순을 왔다 갔다 하며 5년을 배웠어요."

배운 것을 가르치고 싶었다. 다른 것들은 무료로 배울 수 있는 데가 많지만 꽃차는 많지 않다. 지역 공공도서관을 찾아갔다. 커리큘럼에 꽃차 교육을 넣어 달라 부탁했다. 수강생이 없으면 어떡하나 걱정했지만 기우였다. 한 번 배운 사람들은 횟수와 시간을 늘려달라고 요청했다.

문평 집에 수다향을 열었다. 문평에서 토탈공예를 배울 수 있다는 플래카드를 혁신도시에 걸었다. 꽃차가 아니라 토탈공예라 쓴 이유는 꽃차와 차에 따르는 것들(다포, 다건 등)의 제조법만이 아니라, 천연 세제, 화장품, 비누 같은 천연제품 만드는 법까지 가르치기 때문이다. 천연제품은 며느리 담당이다. 혁신도시에서 자동차로 이삼십 분 걸리는 수다향까지, 먼 거리를 개의치 않고 꽃차를 배우러 다니는 사람들이 많다.

"금화규 차도 한 잔 드셔보실래요?"

주전자에 물을 끓여 금화규차를 우려낸다. 작은 찻잔에 따라준 금화규차를 마신다. 녹차처럼 구수한 맛이 난다. 꽃잎을 덖어서 만들기 때문에 그렇단다. 그냥 말려서 만드는 꽃차도 있지만 주로 덖어서 만든다. 테이블 한켠에 놓인 프라이팬에 덖은 꽃잎들이 남아 있다.

"향기가 있는 꽃도 있고 없는 꽃도 있어요. 꽃마다 포함된 성분이 다 달라요. 요즘 인기 있는 건 메리골드여요. 향기도 좋고 효능도 좋아요."

메리골드꽃차는 루테인과 지아잔틴을 많이 포함하고 있어 눈에 좋단다. 꽃밭에서 기른 메리골드로 2십 리터 플라스틱 통 세 개 분량의 꽃차를 만들었다. 한 통에 2백만 원 정도 한다.

"찾는 사람은 많은데 양이 모자라 팔 수가 없어요."

"강변의 비어 있는 너른 땅에 잔뜩 심으면 관광에도 좋고 돈벌이에도 좋겠는데요?"

"꽃차 재배는 공기 좋은 데서 해야 돼요. 차들이 다녀서 먼지가 날리는 곳은 안 돼요."

공기 좋고 물 좋은 곳에서 재배한 꽃이라야 차로 만들 수 있단다. 과연 송명희 씨네 집 꽃밭은 먼지와는 거리가 멀다. 거실에 놓인 나무판에 "꽃들의 수다 삼색 삼즐"이라고 쓰여 있다.

"꽃차는 세 가지 색을 세 번 즐긴다는 뜻이어요. 생화, 덖은 꽃, 물을 부으면 다시 피어나는 꽃. 그때마다 색깔도 달라요."

아하, 삼즐의 즐이 우리말 즐기다의 즐이구나. 다 한자인데 딱 한 자만 한글이라니 재밌다. 수다향이라는 이름도 재치 있다. 한글로 돼있으니 여러 가지 상상이 가능하다. 꽃차를 마시며 떠드는 수다의 향기, 향기로운 꽃들의 수다, 물과 차와 향기…. 한자로는 樹茶香으로 쓴다. 나무와 차와 향. 송 원장 집이 나무와 꽃차의 향기로 가득한 곳이니 딱 맞는 이름이다.

최근 꽃차의 인기가 갈수록 높아지고 있다. 예쁜 꽃들이 물속에서 피어나는 모습을 즐길 수도 있고, 마시면 몸에 좋기까지 하니 그럴 것이다. '이런 꽃까지?'할 정도로 웬만한 꽃이면 차로 만들어 마실 수 있단다. 목련꽃차는 기관지와 비염치료에 효능이 있고, 맨드라미꽃차는 지

혈과 여성 자궁질환에 효능이 있고, 금화규꽃차는 콜라겐이 풍부하고….

나주에 내려온 지 25년인데 살아보니 어떤지 물었다.

"나주, 참 좋은 곳이에요. 아무 연고가 없는데도 나주로 귀촌하는 사람들이 하나 같이 나주가 이렇게 좋은 덴 줄 몰랐다고 해요."

"그런데 타 지역 사람들이 나주에서 꼭 가봐야 되는 대표적인 곳을 소개해달라고 하면 딱히 여기라고 추천할만한 데가 없어서 한참을 생각하게 돼요."

꽃차를 마시며 얘기를 듣는 사이 시간이 제법 흘렀다. 밖으로 나와 꽃밭에 심어진 꽃들을 구경한다. 이름도 다양하고 크기도 색도 모양도 제각각이다. 다 달라도 모두 예쁘다.

한국청년전지공작대장 · 광복군 제5지대장 나월환

8.15광복절이 얼마 남지 않았다. 나주 출신 독립투사 나월환 선생이 보고 싶었다. 아나키스트, 비운의 애국투사, 장개석의 중국 중앙군관학교에서 군사교육을 받은 엘리트, 한국청년전지공작대장, 광복군 제5지대장 등을 지냈다. 원도심으로 차를 몬다. 이른 아침. 한수제 주차장엔 벌써 차가 가득이다. 주차장에서 위쪽으로 오르는 계단 앞에 나 장군 동상이 서 있다. 위압적이지 않고 아담하다. 중경 임시정부 시절. 김구 주석은 장개석의 허락을 받고 정식 군대인 광복군을 창설했다. 중국 전역에서 활동하던 항일무장력을 광복군에 끌어들이기 위해 노력했다. 서안에는 나월환이 대장으로 있는 한국청년전지공작대가 활동하고 있었다. 아나키스트 청년들이 주축이 된 단체였다. 임시정부는 나월환을 중경으로 초치했다. 나월환은 광복군 참여를 결심했다. 전지공작대는 1941년 1월 1일 광복군 제5지대로 편입되었다. 어느 정파에도 속하지 않고 투쟁해야 한다는 아나키스트 대원들이 주축인 전지공작대. 나월환이 도대체

임시정부와 무슨 밀약을 한 거지? 광복군 합류를 반대하던 대원들의 의심과 불만이 자랐다. 1942년 3월 1일. 3.1절 기념행사를 마친 후 제5지대 본부에서 대장을 살해하는 엄청난 사건이 벌어졌다.

나월환 선생

나월환 대장의 시신은 우물에서 발견되었다. 함께 1년 전에 사라졌던 현이평의 시신도 발견되었다. 많은 대원들이 체포되고, 일부에게 사형 등 중형이 선고되었다. 나월환 다음으로 송호성이 지대장이 되었으나 동력을 잃은 5지대는 결국 광복군 2지대로 합쳐졌다.

한국청년전지공작대. 말 그대로 전지(전장)에서 (비밀)공작을 했다. 유창한 일본어를 무기로 일본군 점령지역에 침투해 비밀공작을 하고, 포로를 회유하고, 조선어 방송을 하고 선전물을 만들어 뿌렸다. 광복군 제5지대로 편입된 것도 바로 그런 활동 때문이었다. 제5열에서 비롯된 이름 제5지대. 스페인 내전 때 파시스트 반란군 수괴 프랑코가 군대를 이끌고 마드리드로 쳐들어갈 때 부하 장군인 에밀리오 몰라가 말했다. "마드리드는 우리를 위해 암약하는 제5열에 의해 먼저 점령될 것이다." 제5열＝제5지대. 스페인어로 la quinta columna. 영어로 the fifth column. 칼럼의 원뜻은 아는 바대로 기둥, 세로로 세운 줄(열), 신문의 기고란이다.

나월환 장군은 오른 손으로 권총을 높이 쳐들고 "돌격 앞으로!"를 외치고 있다. 당장이라도 뛰쳐나가려는 듯하다. 부하들의 비뚤어진 영웅

심에 희생되지 않았다면 광복군의 주력부대로 성장해 조국 광복에 더 많이 기여할 수 있었을 텐데, 안타깝다. 나월환 장군의 동상 앞에서 아직도 일제 침략과 강제점령의 후유증에서 온전히 벗어나지 못한 나라를 생각한다.

남도한식 명인
천수봉

"남도음식 명인 천수봉 선생님한테도 음식을 배웠어요."

이화찬 김미선 대표에게서 처음 천수봉이라는 이름을 들었고, 한참 뒤 영산포에서 만난 박주미 씨에게서 두 번째로 들었다. 그래서 만날 날을 정하고 땡볕이 쏟아지는 한낮에 그를 찾아갔다. 큰 키에 고운 얼굴. 일흔 둘 나이로는 보이지 않았다. 인사를 나누자마자 부엌으로 들어간 천수봉 선생이 노란 호박식혜와 먹을거리를 내온다. 찹쌀 가루에 우유와 초콜렛을 넣고 쪄 아몬드를 얹은 케이크, 찹쌀가루에 완두콩을 갈아 섞어 만든 피에 속을 넣고 찐 작은 전병 모양의 초록색 만두가 놓인 차탁을 사이에 두고 앉는다.

"천수봉이라는 이름 참 특이합니다."

"그래서 재밌는 일이 많아요. 나는 독실한 불교 신자거든요. 그래서 스님들이 참선 공부를 하는 산꼭대기 암자에 자주 음식을 해서 갖다 드렸어요. 방장 스님이 선방 칠판 '오늘의 일정' 란에 '천수봉'이라고 적어

났대요. 아침에 스님들이 그걸 보고 '오늘은 선 공부 대신 어디 산에 놀
러 가나보다' 하고 좋아했대요. 그런데 산에서 먹을 음식을 준비할 생
각을 전혀 안하니까 스님들이 방장스님한테 물었답니다. 그랬더니 방장
스님이 '천수봉은 움직이는 산이여, 곧 올 테니 우리가 갈 필요가 없다
네' 라고 대답하셨대요. 하하하."

이름에 얽힌 재밌는 에피소드가 또 있었다.

"늘 선방에 음식을 나르니까 어느 날부터 스님들이 부르는 내 별명이
'우렁각시'가 되었대요. 우렁각시 우렁각시 하다가 나중에는 줄여서 그
냥 각시라고 불렀답니다. 근데 선방에 새로 스님들이 온 날. 점심시간이
돼도 공양 준비를 하지 않는 걸 보고 방장스님에게 물었대요. 방장 스님

이 '걱정들 말어, 곧 각시가 음식 갖고 올 테니께'라고 대답했대요. 스님들이 깜짝 놀라 '아니, 대처승도 아닐 텐데 무슨 각시가 있나?' 했대요 하하하."

소문난 음식솜씨만큼 말솜씨도 유려하다. 화제를 돌린다.

"남도음식 명인이시라구요?"

"네, 해마다 전라남도에서 남도음식축제를 해요. 올해 시월에 개최하면 27회가 되는데 첫해부터 매년 참가했어요. 전남 22개 시군에서 내로라하는 음식 솜씨쟁이들이 참가하는 경연에서 최고상을 받았어요. 18년을 계속 참가하고 상을 타고 하니까, 남도음식 명인으로 인정해주대요."

현재 남도음식 명인은 총 아홉 명이다. 경연의 모든 과정을 거치고 최고상을 받은 사람만이 받을 수 있다. 27년 동안 아홉 명이면 남도음식명인 되기가 얼마나 어려운지 알 것이다.

첫 작품으로 홍어산수화를 출품했다. 큰 접시 위에 나주배를 와인에 졸여 소나무 몸통을 만들고 오이를 썰어 소나무 가지를 표현하고 거기에 홍어삼합을 올렸다. 음식은 맛도 좋아야 하지만 보기도 좋아야 한다는 신조를 갖고 있다. 오래 전, 중국 강소성 남창을 방문했을 때 본 상차림에서 깊은 인상을 받았다. 만한전석을 축소한 것이었는데 찐 옥수수 열매만 달랑 나오는 게 아니라 옥수숫대 전체가 같이 나오는 식이었다. '음식이 예술이 될 수 있구나' 깨달았다.

천 명인이 본격적으로 남도음식을 하기 시작한 지 올해로 45년이다.

"결혼한 지 오십년이 됐으니까, 결혼하고 5년째부터 시작했거든요."

실은 어릴 적부터 음식에 관심이 많았다. 아버지가 개성 분이고 어머니 친정이 나주다. 그래서 개성에서 태어나 6.25 때 부모와 함께 외가가 있는 나주로 피난 왔다. 외가는 나주의 대농이었다. 외할머니의 음식솜씨가 좋았다. 명절이면 서른 명이 넘는 손녀들을 모아놓고 음식 얘기를 해주셨다.

"그때 외가에 모였던 아이들 중 나 혼자 요리사가 됐어요. 아무도 생각 못했죠. 외할머니도 그러셨어요. 머슴애 같던 수봉이가 음식을 한다고야."

외할머니 솜씨를 이어받은 어머니도 음식을 잘했다. 피난올 때 챙겨온 패물을 팔아 광주 충장로에 한정식집을 열었다. 광주의 유력자들이 찾는 음식점은 장사가 잘됐다. 어머니는 학교에 다니는 수봉을 음식점에 오지 못하게 했다.

"그래도 종종 갔어요. 상에 올리는 음식들을 구경하는 게 재밌었어요. 신선로와 구절판 같은 것들이 어찌나 예쁜지요."

예쁜 음식에 마음이 끌렸지만 그렇다고 자신이 요리사가 될 줄은 몰랐다.

스물한 살에 이른 결혼을 했다. 결혼 생활 5년쯤 됐을 때 시어머니가 걱정을 했다.

"우리 혼사에 그 집에서 귀한 선물을 했는데 우리는 뭘 해다줘야 좋을까."

당시엔 아는 집에 혼사가 있으면 약간의 축의금과 선물을 주는 풍습이 있었다. 우리 집 혼사 때 귀한 선물을 받았으면 남의 집 혼사 때 그만한 선물로 돌려주어야 했다.

"어머니 걱정하지 마세요. 폐백음식을 해다 주면 좋을 것 같은데 제가 해볼게요."

남도음식 명인은 총 아홉 명이다. 경연의 모든 과정을 거치고 최고상을 받은 사람만이 받을 수 있다. 27년 동안 아홉 명이면 남도음식 명인 되기가 얼마나 어려운지 알 것이다.

믿는 구석이 있었다. 하는 데까지 해보다 힘에 부치면 외할머니한테 도와달라 하면 될 거라고 생각했다. 역시나 외할머니는 '폐백음식은 이렇게 하는 거라'고 가르치며 깔끔하게 완성했다.

결혼식이 끝난 후 온 동네에 소문이 났고 '우리 집 것도 좀 해주소'라며 주문이 밀려오기 시작했다. 지자체에서도 요청이 왔다. 행사 때 필요한 음식을 만들어 달라는 것이었다.

"몇 년 전 문재인 대통령이 강진을 방문하셨어요. 전라남도가 차는 장흥의 청태전으로 준비하고 차담상 차림은 제게 맡겼어요. 십여 가지 다과를 준비했는데 청와대팀이 사전에 몇 가지를 고르더라고요. 대통령이 말랑말랑한 거 좋아하신다는 거 그때 처음 알았어요."

음식은 맛도 좋아야 하지만 보기에도 예뻐야 한다. 천수봉 명인의 신조다. 특히 손님상에 내는 음식은 그래야 한다. 경연대회에 출품하는 음식은 말할 것도 없다. 접시에 그려진 꽃과 천수봉 명인이 만든 음식이 어우러져 한 폭의 그림이 된다.

"남도음식축제를 할 때는 명인코너가 따로 있어요. 그동안 남도음식 명인 칭호를 받은 사람들이 만든 음식들만 전시합니다. 지난번 축제 때 어란으로 만든 작품을 출품했어요. 영암의 어란 명장이 만든 걸 썼는데 한 뼘 정도 길이의 어란 두 줄이면 삼십만 원이 넘어요."

음식을 살리기 위해 특별히 주문한 그릇을 쓴다. 큰 접시들은 경북 칠곡에 계신 설봉스님 작품이다. 접시 하나에 삼십만 원, 오십만 원 한다.

"도에서 지원금이 얼마 나오지만 그래도 음식 재료 값에, 접시 값에, 이렇게 쓰니 돈을 벌 수 있겠어요? 행사 끝나면 사람들이 돈 좀 벌었겠네, 해요. 속도 모르고."

한때 그녀는 나주에서 음식점을 했었다. 돈도 돈이지만 나주의 고급 상차림을 알리고 싶었다. 그러나 오래 지속하지 못하고 문을 닫았다.

"하면 할수록 손해였어요. 일인 분에 이만오천 원을 받으면 그 돈으로 재료비, 인건비, 관리비까지 다 충당해야 하는데 그보다 돈이 더 들어가는 거예요. 음식 좋다는 말은 듣고 싶고, 나주 상차림이 이런 거라고 보여주고 싶었으니까 대충 할 순 없잖아요. 거기다 어느 날은 종업원들이 갑자기 말도 없이 안 나오는 거예요. 뭔가 불만이 있어서겠지만, 황당하지요. 내가 요리를 직접 안 했다면 그 날로 문을 닫았겠지요."

지역 특유의 음식문화를 지키고 키워가는 데 개인의 힘만으로는 한계가 있다는 얘기다.

일제 강점기부터 광복 후까지 오랫동안 나주에는 화남산업이라는 통조림공장이 있었다. 일본군에 납품하는 통조림을 만들었는데 소고기 통조림도 있었다. 얼마나 많은 소를 도축했는지 화남산업 빈 부지 안에 소牛위령비가 서 있다. 통조림을 만들고 남은 부산물이 시장의 국밥거리로 사용되었고 그것이 나주곰탕의 시작이라는 이야기를 다른 데서도 들은 적이 있다.

"원래 나주곰탕은 서민들이 장터에 서서 먹던 음식이었어요. 나중에 질 좋은 소고기를 사용하면서 지금과 같은 곰탕이 되었어요."

부잣집에서는 어떤 음식을 먹었을까.

"웅어라고 바닷물과 민물이 섞이는 기수지역에서 나는 생선이 있었어요. 회로도 먹고 구워서도 먹었어요. 나주의 있는 집에서는 웅어 완자를 만들어 장조림을 해놓고 1년 내내 먹었어요. 어릴 적 외할머니댁에서 먹던 웅어완자가 가끔 생각나요."

"떡갈비는 소고기를 다져서 떡처럼 동그랗게 뭉쳐서 구운 것인데 나주에는 궁중음식 너비아니 비슷한 소고기장떡이라고 있었어요. 고기 속 힘줄을 끊는 정도로 칼끝으로 자근자근 쪼아서 기름을 바른 한지 위에 얹어요. 그걸 다시 기름을 바른 석쇠 위에 얹고 그 위에 고기를 얹고 숯불에 구워서 먹는 겁니다."

"초계탕 하면 어디 다른 지역에만 있는 줄 아는데 나주에서도 초계탕을 해먹었어요. 닭 삶은 국물에 갈아둔 잣가루를 섞어서 잣국물을 만들어요. 거기에 삶은 닭고기를 가늘게 찢어서 넣고 야채와 배를 넣어요. 고춧가루는 안 섞고 겨자를 풀고 새콤달콤 물회 비슷하게 만들어서 더운 여름에 먹었어요."

"보리굴비도 자주 먹었어요. 항아리 속 생보리 안에 굴비를 넣어요. 어머니가 먼저 먹을 순서로 항아리에 번호를 매겼어요. 일정한 시간 동안 그렇게 해둔 굴비를 꺼내서 첫 번째 쌀뜨물에 담가두어요. 그렇게 하면 비린내가 덜 나요. 두 번째 쌀뜨물에 굴비를 넣어서 푹 끓여요. 그러면 전분기가 엉켜붙어요. 국물이 사골국물처럼 뽀얘져요. 굴비 국물이 동동 뜨지요. 거기다 쪽파를 송송 썰어서 넣고 참기름 한 방울을 떨어뜨린 다음 먹으면 그렇게 보드랍고 맛있을 수 없어요."

어릴 적 먹었던 보리굴비찌개가 먹고 싶어서 해봐도 그 맛이 안 난단다. 굴비가 워낙 비싼 탓에 부세를 대신 쓰니 그럴 수밖에 없을 것이란다.

"김치 중에 반지라고 있어요. 김치와 동치미 중간 쯤 되는 김치예요. 새우, 전복, 낙지, 소고기를 볶아서 넣어요. 보쌈김치하고 거의 비슷한데 고춧가루가 조금 더 들어가고, 국물은 동치미보다는 적고 김치보다는 많아요. 먹으면 시원해요. 어머니한테 배웠어요."

남도음식 명인의 음식 이야기가 끝없이 이어진다. 한도 끝도 없을 것 같다.

천수봉 명인은 배우려는 사람들에게 남도음식을 가르친다. 전국 여기저기 요식협회나 지자체를 다니며 음식을 가르치고 컨설팅을 해준다. 충북 단양 요식협회에 갔을 때 강한 인상을 받았다. 단양군이 지원한 행사였다. 단양의 음식점들이 특별수업에 참가했다. 김치와 음식을 가르쳤다. 채택하고 안 하고는 음식점 자유지만, 떡갈비와 함께 곁들여 낼 수 있는 음식도 보여줬다. 단양 요식협회는 강의를 할 수 있는 건물도 갖고 있었다. 그렇다면 나주에서는 어떤 활동을 하고 있을까. 긴 얘기를

천수봉 명인은 배우려는 사람들에게 남도음식을 가르친다. 술 만드는 법도 가르친다. 전국 여기 저기 요식협회
나 지자체를 다니며 음식을 가르치고 컨설팅을 해준다.

들었으나 짤막하게 정리한다.

"선거 후유증으로 지역사회가 사분오열되어 있어요. 선거를 축제가
아니라 전쟁처럼 치르니 그럴 수밖에요. 선거가 끝나면 누구를 지지했
든 다시 일상으로 돌아가 서로 사이좋게 지내면 좋을 텐데 그게 안 돼
요. 반대편 사람은 무슨 일을 하건 지원사업에서 배제해버려요. 그게 하
루 이틀이 아니고 오년 십년이 될 수도 있어요."

올해 나이 일흔 둘. 전혀 그렇게 느껴지지 않을 정도로 에너지가 있
다. 지역음식문화 창달에 대한 열정이 대단하다. 결혼 생활 오십 년. 아
들 둘을 두었다. 쉰 살 큰 아들은 은행에서 근무하고 둘째 아들은 현대
자동차에서 일한다.

"남편 건강이 조금 나쁜 것 빼고는 별 문제 없어요. 강의가 없는 날은

음식을 해서 남편과 같이 먹고, 가끔 동네 어르신들 하고도 나눠 먹고. 좋아요."

　나주 잿등에 있는 작은 집에 우뚝 솟은 남도음식 명인이 살고 있다. 나주의 소중한 자산이다.

치명적인 뷰의
카페 루

1번 국도를 타고 나주대교를 달리면 오른쪽에 홍어를 연상시키는 모양의 지붕을 이고 있는 건물이 보인다. 원래는 취수장이었다. 영산강이 깨끗했을 때 목포시민들도 이곳에서 취수한 물을 마셨다. 영산강 하구언이 들어서고 강물이 더러워지자 용도 폐기된 취수장은 오랫동안 버려져 있다가 4대강 사업을 하면서 리모델링했다. 새로 태어난 후에도 건물은 다시 텅 빈 상태로 방치되었다.

채서연 씨는 서울에서 웨딩사업을 하다가 오륙 년 전 광주로 내려와 남동생과 함께 전기사업을 시작했다. 채 2년이 지나지 않았는데 위암이 발병했다. 회사 대표를 동생에게 물려주고 치료에 전념했다. 어느 날 나주에 왔다가 아름다운 경치에 반했다. 영산강이 너무 예뻤다. 광주에서 나주 혁신도시로 이사했다. 나주대교를 건너다니던 채서연 씨 눈에 방치된 취수장 건물이 들어왔다. '잘 활용하면 지역 활성화에 기여하는 훌륭한 자원이 될 수 있을텐데'라고 생각했다. 예쁘게 갤러리 카페로 꾸미

채서연 대표는 용도 폐기된 영산강 취수장을 예쁘게 인테리어를 하고 카페 루를 오픈했다.

면 멀리 광주에서도 사람들이 찾아올 것 같았다. 나주시에 카페를 하고 싶다고 제안했다. 처음에는 관심이 없던 나주시가 채서연 씨의 계속된 제안과 요청에 마침내 반응했다. 경쟁입찰을 통해 적지 않은 년세를 써 내고 취수장 운영권을 획득했다. 계약 기간은 2년에 한 번 연장할 수 있다. 모르는 사람들은 특혜니 뭐니 수군댔다.

예쁘게 인테리어를 하고 카페 이름은 '루Lou'로 지었다. 라이너 마리아 릴케의 연인이었던 '루 살로메*'에서 착안했다. 검색해보니 루에는 스코틀랜드 말로 '사랑'이라는 뜻이 있었다. 스킵 투 마이 루Skip to my Lou

---

* 루 살로메 https://kiss7.tistory.com/670

라는 동요도 있다. 루樓에는 누각樓閣이라는 뜻도 있다. 영산강을 내려다보는 누각 카페 루. 얘기를 듣고보니 고개가 끄덕여진다. 이름도 그럴듯 하지만 360도 유리로 둘러싸인 카페에서 내다보는 경치는 환상적이다.

"저쪽 멀리 보이는 것이 영암 월출산이고요, 이쪽 멀리 보이는 것은 광주 무등산입니다."

월출산은 희미하게 보이고 무등산은 또렷하게 보인다. 반대 쪽 방향으로는 나주 금성산이 가깝고 선명하게 보인다. 카페 루의 삼면이 남도의 유명한 산들로 둘러싸여 있는 셈이다. 카페는 강둑에서 다리로 연결돼 있다. 자전거 도로가 강둑을 따라 끝없이 이어진다. 적잖은 라이더들이 이곳을 찾아온다. 제방에서 카페로 연결된 다리를 건너면 카페 1층에 닿는다. 갤러리라는 표시가 있다. 그런데, 문이 잠겨 있고 안이 텅 비어 있다.

"갤러리나 여러 이벤트를 하는 장소로 활용하기도 했는데 잘 안됐어요."

모처럼 생긴 귀한 공간인데 제대로 활용되지 못하고 있어 아쉽다. 지자체와 함께 조금 더 적극적으로 궁리할 필요가 있어 보인다. 카페 루로 건너가는 다리 입구 주변과 아래는 깔끔하게 관리되고 있다고 말하기 어렵다. 잡풀이 무성하다. 카페 주변에 넓게 꽃을 심고 깨끗하게 관리하면 훨씬 예쁠텐데.

"한 번은 손님한테서 전화가 왔어요. 오늘 문 안 열었냐고. 아뇨, 문 열었는데요. 왜 그러시죠? 라고 물었더니, 입구에 풀이 너무 무성해서 장사 안 하는 줄 알았다는 거예요."

360도 유리로 둘러싸인 카페 루에서 내다보는 경치는 환상적이다.

    채서연 대표가 담담하게 말한다. 절묘한 곳에 위치한 기막히게 전망
좋은 카페. 민간인에게 빌려줬지만 나주의 공적 자산이다. 니체, 릴케,
프로이트… 여러 남자들이 앞다투어 사랑했고 넘치는 매력으로 유명 인
사들의 애간장을 태웠던 팜므파탈 루 살로메. 루 살로메를 떠올리며 지
은 이름 카페 루. 꼭 한 번 가보시라. 치명적 여인femme fatale 은 만나지 못
할지라도 눈 앞에 펼쳐지는 치명적 뷰vue fatale 에 가슴이 뻥 뚫릴 것이다.

만타 가오리의 감동을
영산포에도

만타 가오리Manta Ray . 가오리류 중 가장 크다. 오키나와 수족관에서 유영하는 만타 가오리를 눈 앞에 마주한 감동을 잊을 수 없다. 9미터. 하늘을 나는 스텔스기를 바로 밑에서 올려다보는 것 같았다. 광주MBC에서 홍어전문 11부작 다큐멘터리 핑크피쉬를 기획할 때 홍어 가오리에 관해 구글링을 했다. 전 세계 바다에 사는 홍어가오리 종류가 5백 종이 넘었다. 손가락 만한 것(짧은 코 전기가오리, 10cm)부터 9~10미터에 달하는 만타 가오리까지. 홍어 가오리의 생태는 신기했다. 발효홍어의 스토리와 신비는 흥미진진했다.

영산포 홍어거리가 떠올랐다. 음식점들 말고는 관광타운으로 내세울 만한 것이 없는 거리에 홍어의 신비로운 생태와, 발효홍어 음식의 역사와, 세계 홍어 음식을 전시하는 뮤지엄을 겸한 '홍어 가오리 전문 아쿠아리움'을 만들면 어떨까 생각했다. 아쿠아리움에는 홍어 가오리류 중 일부라도 모으고,* 디지털콘텐츠를 가미해 학생들이 바다 생태와 홍어

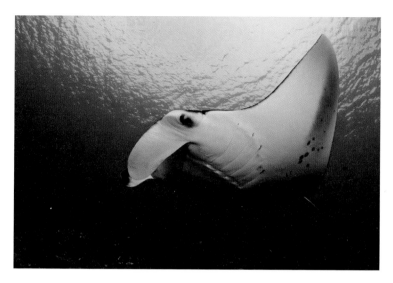

몰디브의 만타 가오리. (Shiyam ElkCloner@Wikimedia Commons)

가오리에 관해 배울 수 있는 학습코스를 만들고, 거리에는 홍어 가오리
를 테마로 한 오브제들을 세우고. 홍어 가오리 상어를 비롯한 캐릭터상
품도 팔고 등등. 말로만 '600년 역사의 홍어거리'라고 내세울 것이 아니
라 걸맞는 콘텐츠가 들어찬 일대 관광지로 만들면 좋지 않을까. 실현 가
능성? 해보지도 않고? 오키나와 수족관을 헤엄치던 만타 가오리는 버추
얼이 아닌 리얼이었다. 도시재생, 지역 활성화. 밑빠진 독에 물붓기라는
말도 있지만 모자란 건 창의적 발상과 안목과 의지다.

---

* 나주랜드 작은 수족관에 노랑 점들이 박힌 가오리가 있었다. 관상용으로 수족관에서 키우는 가오리일 것
이다. 아쿠아리움을 만든다면 더 많은 종류를 모으지 못할 리가 없다.

한복 입은
성모마리아

나주 혁신도시 빛가람성당. 한복 입은 성모 마리아가 아름답다.

아기 예수를 품에 안은 모습을 바라보고 있으니 마음이 평온해진다.

살짝 감동이 솟는다.

성당도 군더더기 없이 깔끔하다.

마리아상을 비추는 불이 켜진다. 요 며칠 힘들고 지친 마음에도 등불이 켜진다.

한낮은 더워도 저녁은 서늘한 바람이 분다. 우주의 섭리. 어김없다.

한복 입은 성모 마리아. 꼭 알현해보시라.

남평 글라렛선교수도회의 닫힌 문을 열다

남평오거리에서 1시 방향으로 진입하면 지석로(822번 지방도)다. 남평 원도심을 지나고 강변도시를 벗어나 얼마 가지 않아 표지판이 서 있는 수도원 입구가 보인다. 정확하게는 대문의 좌우 기둥이다. 왼쪽엔 한글로 '가톨릭 글라렛 선교수도회 글라렛 영성의 집'이라 쓰여 있고 오른쪽엔 영어로 'CMF Catholic CLARETIAN MISSIONARIES'라고 쓰여 있다. 글라렛은 1849년 수도회를 창시한 안토니오 마리아 글라렛이라는 스페인 성인의 이름(성)이다. CMF는 Cordis Mariae Filii(성모 성심의 아들들)의 머릿글자 모음이다.

시멘트로 포장된 길을 따라 올라가니 왼쪽에 기독교 장로회 소속 교회가 있다. 가톨릭 수도원 입구에 웬 개신교 교회? 나중에 설명을 듣고 의문이 풀렸다. 원래는 유치원이었는데 아이들이 없어 폐원하고 비어 있는 걸 어느 목사가 빌려 교회로 사용하고 있는데 오래지 않아 문을 닫을 예정이다. 다시 비게 될 건물을 사들인 사람은 글라렛수도회의 독실한 후원자다. 새 소유자인 김인서 박사는 전남대 문화산업대학원에서 공부했는데 문화예술을 통한 도시재생에 관심이 많다. 김 박사는 이 건물을 복합문화공간으로 활용할 생각이다. 조금 더 올라가니 나타나는 자그마한 건물. '수도원 창고'라는 팻말이 걸려 있다. 아틀리에·갤러리·카운슬링·드링크라고 쓰여 있다. 수도원 창고의 용도인 듯하다.

"여기서 기다리면 신부님이 오실 겁니다. 열린 분이셔요. 대화가 잘 통하실 겁니다."

안내해주는 고형석 씨의 설명이다. 혁신도시에서 수제맥주집 '트레비어'를 운영하는 고형석 대표는 맥주 덕에 신부님과 친해졌단다. 넓지 않은 수도원 창고 안. 테이블과 의자들은 여러 사람이 둘러앉아 담소하기 충분하다. 작은 부엌이 있고, 수제 맥주를 만드는 장치가 있다. 수제 맥주 캔에는 '임페리얼 스타우트 수도원 수제맥주'라 쓰여 있다. 커피 원두도 있고 로스터도 있다. 캘리그래피 작품이 많이 걸려 있다. 인상적인 글이 눈에 들어온다.

"만약에 나에게도 다음 생이 있다면, 한 번만 한 번만 더 당신 자식이 되고 싶지만, 어머니 또 힘들게 할까 봐 바랄 수가 없어라."

글라렛 선교수도회의 입구를 지나 조금 더 올라가면 수도원 창고라는 팻말이 붙은 자그마한 건물이 나온다.

넓지 않은 수도원 창고 안. 테이블과 의자들은 여러 사람이 둘러 앉아 담소하기 충분하다. 작은 부엌이 있고, 수제 맥주를 만드는 장치가 있다. 커피 생 원두도 있고, 로스터도 있다. 캘리그래피 작품이 많이 걸려 있다.

테이블에는 먹과 물감이 놓여 있다. 여기서 그림도 그리고 글씨도 쓰고 커피도 마시고 맥주도 마시는 것 같다.

"절에 가서 템플스테이는 할 수 있지만 카톨릭 수도원에서 숙박하는 건 쉽지 않아요. 그런데 신부님이 여기서 그런 걸 할 수 있게 한답니다. 일반인도 원하는 사람은 와서 며칠이고 머물며 쉬었다 갈 수 있게."

신부님을 기다리는 동안 고 대표가 설명한다. 고 대표는 기독교인이지만 불회사 철인 스님과도 친하고 글라렛수도회 김인환 신부님과도 친하다.

창고문을 열고 들어오는 사람. 김인환 신부다. 아담한 체구에 인자한 얼굴, 사십대로 보인다. 인사를 나눈 후 명함을 건네기도 전에 "커피 한 잔 하실래요?" 하면서 주방으로 간다. 금세 블랙 커피를 만들어 온다.

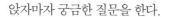

앉자마자 궁금한 질문을 한다.

"수도원창고, 용도가 뭔가요?"

"여긴 원래 비료포대를 쌓아놓던 창고였어요. 버려진지 오래 돼 뱀들이 집을 짓고 쥐들이 우글댔어요. 작년 여름부터 신부님들과 함께 청소하고 고쳤어요. 수도원에는 일반인들 출입가능 구역과 금지구역이 구분되어 있는데, 가톨릭 신자가 아니어도 찾아오는 사람들을 편히 모실 수 있는 공간이 필요하다고 생각했어요. 리모델링 후 여기서 독서모임이나 그림 그리기, 캘리그래피 수업 등 활동을 했는데 코로나 사태가 터진 후 올스톱 되었어요."

"글라렛선교수도회는 가톨릭 교구 소속인가요?"

"교구와 별도 조직입니다. 본부는 로마에 있어요. 전 세계 70개국에 수도원이 있고요. 가톨릭 사제는 두 종류가 있습니다. 교구사제와 수도사제. 공부는 신학대학에서 하지만 입학하면서 어느 쪽으로 갈 건지 선택합니다. 교구사제는 병역까지 포함해 보통 6~7년 정도, 수도사제는 수련 기간, 자체 교육 등을 거치면 12~13년 정도 공부해야 합니다."

"저는 1994년에 글라렛수도회에 입회했습니다. 2005년에 사제 서품을 받았고요. 원래 고향은 원주인데 인천에서 자랐어요. 성당을 다녔는데 그 성당이 글라렛선교회가 인천교구에서 빌려 운영하던 곳이었어요."

"어느 지역에 수도원을 만들려고 할 때 교구의 사전 승인이 필요한가요?"

"승인까진 아니어도 보통 그 지역 교구장과 협의합니다. 남평에 수도원을 세울 때 당시 광주교구장이었던 윤공희 대주교와 협의했습니다.

작은 수도원을 계획했었는데 윤 주교께서 광주교구에 피정할 데가 부족하니 남평에 피정센터를 좀 크게 만들어달라고 말씀하셨어요.

재정이 충분치 않았는데도 윤 주교님 말씀에 따라 건물을 크게 지었습니다."

"성당 아래 급으로 신자 수가 적은 공소라는 곳이 있어요. 수도회에서는 교구 공소사목부와 협의해서 벽지에 있거나 너무 멀어 교구에서 관리하기 힘든 공소들을 맡아 관리했어요."

공소 관리는 글라렛선교수도회 사제들이 피정센터만 운영하며, 상주하기보다 찾아가는 삶을 살고자 선택한 것이었다. 10여 년 정도 활동하다 지금은 인력부족으로 잠시 쉬고 있다. 남평 글라렛선교수도원에는 세 명의 사제와 한 명의 수사, 그리고 한 명의 신학생이 기거하고 있다. 사제와 수사의 차이는 뭘까?

"신부이기 전에는 모두 수사입니다. 필요에 의해 수사들 가운데 신학을 공부해 사제가 되는 사람이 있어요. 과거에는 사제가 10%라면 수사가 90%였는데 지금은 거꾸로입니다. 현실적 필요 때문이지요."

그렇다면 수도원은 어떻게 운영될까.

"후원자들이 내는 후원금이 있고요, 피정센터를 운영해 버는 수익이 있습니다. 수도원 재정의 30~40%가 피정센터에서 나옵니다. 피정은 '피세정념避世靜念'의 준말인데요, 복잡한 세상을 피해 고요하게 머문다는 뜻이지요. 성당에 다니는 신자들이 단체로 관광버스를 타고 옵니다. 개인적으로 일 년에 두세 번 피정을 오는 분들도 계시고요."

그런데 코로나 사태 후 사정이 달라졌다.

"근 2년 동안 단체를 대상으로 한 피정센터 운영을 하지 않았어요. 코

성당과 수도원은 분위기가 많이 다르다. 수도원 하면 왠지 비밀스런 느낌이 난다. 남평 글라렛선교수도원에는 세 명의 사제(신부)와 한 명의 수사, 그리고 한 명의 신학생이 기거하고 있다.

로나 때문에 위험한 것도 있지만 정부의 방역지침을 충실히 지키기 위해섭니다. 25년 넘게 피정센터에서 나오는 수입으로 수도원 재정의 상당 부분을 충당했는데, 코로나 이후 완전히 끊겼습니다. 가을부터는 개인적으로 피정 오는 분들을 위해 센터 문을 열 생각입니다."

"종교가 지속가능하려면 지역사회와 같이 가야한다고 생각합니다. 과거 우리 수도원은 남평 지역사회와 전혀 교류가 없었어요. 남평 주민들도 그랬지만, 수도회도 굳이 문호를 개방하고 지역과 교류할 생각을 하지 않았어요."

수도회는 크게 세 종류로 나뉜다. 사제와 수사들이 평생 수도원 안에서만 사는 '봉쇄수도원', 지역사회와 교류하며 살아가는 '활동수도원', 그 중간쯤 되는 수도원. 남평 글라렛선교수도원은 활동수도원이다. 김신부는 오래전부터 수도원을 일반인들에게도 개방하자고 말했지만 본부는 꿈쩍도 하지 않았었다. 코로나 사태가 길어지자 수도회 조직이 달라지기 시작했다. '하고 싶으면 한번 해봐라'. 태도가 유연해졌다. 그래서 피정센터를 일반인들에게 개방하기로 했다. 단체 피정객들이 쓰던 방을 개인이 사용하기 편한 방으로 개조하고 있다. 여러 층에 많은 방들이 있지만, 일단 한 개 층 여섯 개의 방을 고치는 중이다. 방마다 화장실을 설치하고 있다. 음식을 조리해 먹을 수 있도록 주방과 식당을 만들었다. 상업성은 경계한다. 개별적으로 조용히 쉬어가고 싶은 피정객들을 받아 원하면 심리상담과 치료도 해주고 종교에 관해 배울 수 있는 기회도 제공한다. 절에서 하는 템플스테이와 비슷하면서도 다르게 운영할 생각이다.

"혁신도시에 사는 삼사십대 직장인들, 생활에 쉼이 없어요. 퇴근 후 즐길 문화가 거의 없으니 동료들과 어울려서 술 마시고 먹고 자고 다시 출근하는 생활의 반복입니다. 주말에는 서울로 가거나 아니면 여수나 순천 같은 데로 놀러 갔다 와서 월요일에 다시 출근합니다. 이런 직장인들에게 필요한 공간이 피정센터입니다. 하루 정도는 이런 곳에 와서, 수도자들과 같이 와인이나 맥주를 마시고, 담소하고, 쉬고, 자면, 새로운 에너지가 생길 겁니다."

트레비어 고형석 대표의 말이다.

김인환 신부의 안내로 수도원 내부를 둘러본다. 들어서자마자 벽에 걸려 있는 커다란 그림이 눈길을 끈다. 홍성담 화백이 5.18을 테마로 해서 그린 '사시사철-봄'이다. 옆에 해설이 붙어 있다. 〈1980년 오월의 봄. 그 해 오월은 사람이 아팠다. 봄볕 아래서 사람들은 총칼에 휩쓸렸다…… 물밀어 드는 봄은 언제나 새 봄이다. 봄을 새 봄으로 맞이하는

마음에서 만물이 싹튼다. 그 싹틈에 아버지 어머니의 숨결이 있다.〉

　고해성사실, 식당, 성당, 리모델링 중인 피정센터의 방들, 피정객들을 위한 주방과 식당. 수도원 건물 베란다에서 남평 강변도시 아파트촌이 보인다. 가까운 곳에 남평들과 드들강이 있다.

　"수도원 성당이 배모양으로 생겼어요. 코로나 팬데믹 시대에 교회가 노아의 방주처럼 피난처 역할을 해야 한다고 생각합니다."

　"피정센터도 개방하고, 사제들끼리 또 피정 온 신자들만 참석할 수 있었던 미사도 바깥 성당에 다니는 신자들에게 일부 개방할 생각입니다. 물론 지역 성당이 있으니 무분별하게 누구든 아무 때나 오세요 할 순 없겠지요."

김인환 신부는 피정센터를 일반인들에게 개방하기로 결정했다. 단체 피정객들이 쓰던 방을 개인이 사용하기 편한 방으로 개조하고 있다.

일만 평에 이르는 수도원 부지에 아무렇게나 자란 수풀을 사제들이 정리하고 있다. 테라피실을 만들고 개별 이용자들을 위한 방 리모델링을 마무리하는 중이다. 머지 않아 남평 주민들과 나주 시민들, 나주를 찾는 이들이 머무르며 쉴 곳이 생긴다. 그 공간에 수도원의 변화를 이끌고 있는 젊고 열린 마음의 김인환 신부님이 계신다.

시작보다 끝이 좋은 인연, 캘리그래퍼 문경숙

남평 글라렛선교수도회를 방문했을 때 입구를 들어서서 몇 발짝 안 가 만나는 자그만 다목적 창고 안에 여러 장의 캘리그래피 작품이 걸려 있는 것을 봤다.

"신부님이 가르치시는 건가요?"

"배우기도 하고 가르치기도 합니다."

"어떤 선생님한테 배우시나요?"

"나주 혁신도시에 실력이 대단한 캘리그래피 선생님이 계셔요."

"시간 나면 배워보고 싶은데 소개해주시겠어요?"

그렇게 김인환 신부님에게서 캘리그래피 선생님의 전화번호를 받았다. 문경숙 선생님이다.

캘리그래피 calligraphy . '서예'라는 뜻이지만 전통 서예와 비슷하면서도 다르다. 수업이 있는 날을 잡아 방문했다. 영무예다움 아파트. 거실이고 방이고 온통 캘리그래피 작품들이다. 두 개를 터서 하나로 만든 방에서

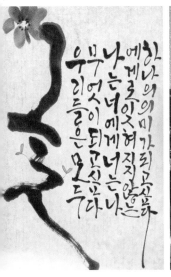
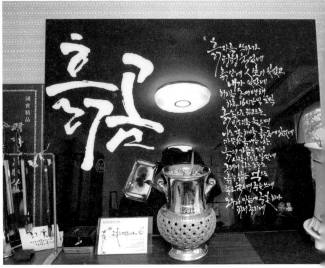

문경숙 선생님 호는 흙곰이다. 여성의 호인데, 심상치 않다. 방안에 놓인 캘리그래피 작품에서 그리 작명한 연유를 짐작한다.

아침반 수업 중이다. 네 명의 수강생 중 두 사람은 광주와 영광에서 왔다. 모두들 수준급 솜씨다.

"캘리그래피 하신 지 오래 되셨나요?"

"제대로 공부한 건 한 십오 년 정도 됐네요. 어릴 때부터 나뭇잎 주워서 하얀 물감으로 시도 쓰고 그림도 그리고 그런 걸 좋아했어요."

캘리그래피에 어떤 매력이 있을까.

"정신 집중하기 좋아요. 글을 쓰다 보면 힐링이 돼요. 쓰다가 눈물을 흘릴 때도 있어요."

문경숙 선생의 호는 '흙곰'이다. 벽에 걸린 작품에 그 연유緣由가 있었다.

'흙 자를 쓰다가 펑펑 울었네… 흙 속으로 파고드는 빗소리를 들으며 나도 꿈 하나를 흙 속에 심었네. 따뜻한 흙내음 나는 흙의 가슴을 지니고 싶었네…'.

문경숙 선생은 각종 경연대회에서 많은 상을 탔다. 2018년 수묵 캘리그래피 책을 출판할 때는 담양에서 개인전을 열었다. 무려 150점의 작품을 전시했다. 서울의 예술대전 캘리그래피 부분 심사위원도 맡았다.

"혁신도시에서 교습소를 운영하다가 접었어요. 지금은 집에서만 가르쳐요."

코로나 탓도 있고 공공기관에서 하는 무료 강습들 때문에 유료 교실을 운영하기 쉽지 않단다.

멀지 않은 다른 지역에서 회사에 다니고 있는 남편은 주말에만 집에 오기 때문에 평일엔 집을 자유롭게 쓸 수 있지만 언제까지 집을 교습소로 쓸 수는 없다. 갤러리를 만들어 나가고 싶다.

"갤러리는 땅을 갖고 있는 순창에 지을까 아님 가까운 어디가 나을까, 이런 저런 생각 중이에요. 나주는 땅값이 너무 올랐어요."

'한 번 써보시라'는 권유에 붓을 먹물에 담근다. 붓을 잡은 손가락에 힘을 주고 쓴다. 셰익스피어 작품 맥베드. 아내가 죽고 사면초가의 상황에 놓인 왕 맥베드의 대사다.

'인생은 그저 걸어가는 그림자, 가련한 배우'.

잘 될 줄 알았는데 마음 먹은 대로 되지 않는다. 삐뚤삐뚤 글씨를 보고 한심했던 모양이다. 붓을 들더니 슥슥 단번에 써내려 간다. 힘 안 들이고 잘도 쓴다.

"인연, 시작이 좋은 인연이 아닌 끝이 좋은 인연이 되자."

문경숙 선생님은 혁신도시 사무실을 빌려 교습소를 운영하다가 접고 지금은 집에서만 가르친다.

내 마음을 꿰뚫어본 건가. 마음에 쏙 든다. 맞다. 시작은 그럴 듯 한데 끝은 불쾌한 그런 인연은 맺고 싶지 않다. 하지만 어디 세상일이 뜻대로 되던가. 그래도 남이야 어떻든 스스로는 끝이 좋은 인연이 되리라 다짐한다.

금천
광신이발소

이발할 겨를이 없었다. 지난번 영산포 대신이발관에서 이발을 한 뒤로 근 한 달 열흘이 지났다. 오늘은 무슨 일이 있어도 해야지.

지도에서 혁신도시에서 가까운 이발소를 검색한다. 3.3km 떨어진 금천면 고동리에 광신이발소가 있다. 차로 7분. 가깝다. 혁신도시에서 나주시청 쪽으로 빛가람로를 타고 달리다 고동교차로에서 우회전해 금영로로 들어선다.

얼마 안 가 왼쪽에 이발소 표시등이 보인다. 불이 켜져 있고 돌고 있다. 문이 열려있다는 표시다. 표시등 뒤쪽 후미진 구석, 유리문에 이발이라고 큼지막하게 쓰여 있다.

'어, 불이 꺼져 있네. 혹시 영업 끝났나.'

문을 열고 안을 향해 소리친다.

"이발 하시나요?"

"예. 해요."

혁신도시에서 가까운 이발소를 검색하면 3.3km 떨어진 금천면 고동리 광신이발소가 나온다.

안에서 사람이 나온다. 스위치를 켠다. 가게 안이 환해진다.

"저는 불이 꺼져 있어서 오늘 일 끝나신 줄 알았어요."

손님이 없을 땐 절약하느라 전기를 꺼놓는 건가.

"이리 앉으시오."

나이 지긋한 분이다. 사각사각. 가위질 솜씨가 부드럽다.

이발을 하고 면도를 하는 동안 대화한다. 말수가 적으신 분인가 생각했으나 그렇지 않다. 안정남 선생. 올해 여든이다. 그렇게 보이지 않는다. 정정하시다.

"여기서 이발소 오래 하셨나요?"

"올해로 52년째요. 이발을 한 지는 63년 돼았고요. 여그가 내 텃자리구만이요."

"예? 이 자리가요?"

"아니, 이 마을이요."

안정남 선생은 금천면 고동리에서 농사꾼의 아들로 태어났다. 일곱 형제 중 장남이다. 그럭저럭 한 열 마지기 정도 논농사를 짓는 집이었지만 아버지가 워낙 술을 좋아하신 탓에 형편은 늘 어려웠다. 장남인 자신은 그래도 중학교에 진학했지만 아래 동생들은 그러지 못했다. 중학교 2학년을 다니다 중퇴했다. 대구에 있는 잡화점에서 점원으로 일하면 주인이 야간 중학을 보내준다고 해서 먼 대구까지 일하러 갔다. 열다섯 살 때였다.

"나는 두 번째 인생을 살고 있는 셈이요."

"예? 무슨 일이 있으셨나요?"

대구에 가서 점원 생활을 한 지 얼마 지나지 않았는데 맹장이 터졌다. 바로 손을 쓰지 못해 복막염으로 번졌다.

"은인을 만나지 않았다면 저 세상 사람이 됐을거구만요."

시계포를 하는 사람이 돈을 대줘 수술을 할 수 있었다. 나주로 돌아왔다. 열여섯 살. 수술 후유증으로 몸이 약해 힘 쓰는 일을 할 수가 없었다.

이웃사람이 부모님한테 "정남이 이발 기술 배우라고 하시오. 기술만 있으면 밥 먹고 사는 데 지장 없당께요."라고 말했다. 금천에 있는 이발소에서 조수로 들어가 이발 기술을 배웠다. 주인은 일본에서 이발 기술을 제대로 배워온 사람이었다.

광주로 갔다. 남의 이발소에서 십여 년 일했다. 동료가 반반씩 돈을 내서 이발소를 차려 동업하자고 했지만 그럴 돈이 없었다. 스물여덟 살. 광주보다 부동산이 싼 나주로 돌아왔다. 모아둔 돈에 빚을 얻어 작은 이발소가 딸린 집을 샀다. 나중에 보강하고 고쳤지만, 그때 산 집과 점포에서 현재까지 52년 동안 이발소를 운영하고 있다. 같이 자란 바로 아래 동생 둘은 어쩔 수 없었지만, 이발해서 번 돈으로 동생들을 학교에 보내고 결혼시켰다. 슬하에 아들 딸 둘을 두었다. 쉰 살 딸은 동탄에 살고 마흔여덟 아들은 광주에 산다.

"장가를 늦게 갔지라."

"참으로 대단하십니다."

옛날 우리 부모 세대는 그랬다. 당신들은 못 먹고 못 입어도 자식들은 악착같이 학교에 보냈다. 때론 먼저 사회에 나가 돈을 벌게 된 형과 누나가 동생들을 가르치고 시집 장가까지 보냈다. 지금처럼 이기적인 시대에 낳고 자란 사람들은 '무슨 호랑이 담배 피우던 시절 이야기야' 할 테지만, 그리 오래 되지 않은 과거의 일이다.

진지하고 치열하게 살아온 보통 사람들의 삶. 들여다보면 모두 나름의 감동적인 이야기가 있다. 모두들 위대하고 존경스럽다. 삼남사녀 중 둘째였던 우리 아버지도 그랬다. 젊은 시절 별안간 장남이 되어 몰락해가는 집안의 모든 책임을 혼자서 묵묵히 감당하셨다. 크게 성공하거나 돈을 벌지는 못했지만 최선을 다해 집안을 건사하고 자식들을 키웠다. 아흔두 해의 생애. 돌이켜 생각하면 위대한 보통 사람의 삶이었다. 돌아가신 지 벌써 삼년이 지났다. 시간이 갈수록 감사의 마음이 깊어진다.

옛날 그대로인 광신이발소. 미용실에 가서 머리를 자르고, 속성 커트 전문점에 가서 이발을 하면 들을 수 없는 이야기, 맛볼 수 없는 재미가 있다. 어린 시절, 이발소가 생각난다.

"나주중학교 앞에 있는 이발소를 다녔어요. 의자 양쪽 팔걸이에 걸친

스물여덟 살 때부터 같은 자리에서 52년 동안 이발소를 운영하고 있는 안정남 선생.

널빤지 위에 앉아 머리를 깎았어요."

"아직도 그런 널빤지 쓰고 있어요."

안정남 선생이 의자 앞쪽 벽에 기대 세워 놓은 널빤지를 가리킨다. 기념으로, 의자 위에 걸쳐놓고 사진을 찍는다.

"여기 말고 금천에 또 이발소가 있나요?"

"여그 딱 한 군데 남았구만이요. 한창 때는 열세 군데나 됐는디."

경쟁이 치열했을 텐데 힘들지 않았을까.

"그래도 돈은 그때 벌었어요. 워낙 사람들이 많았으니까. 인자는 힘들어요."

"그래도 건강하시니 싸목 싸목 소일 삼아 이발일도 하시고 돈도 벌고 좋지 않습니까?"

"그건 그라지요."

금천에서 유일한 이발소. 과거에 비하면 손님이 형편없이 줄었지만 그래도 찾아오는 발길이 끊이지 않는단다.

"나주(원도심)서도 오고 광주서도 와요. 이사를 가고 나서도 찾아옵니다. 미리 전화해서 문 열었는지 확인하고 와요."

최근에는 심심찮게 혁신도시에서도 찾아오는 사람이 있다. 나처럼 옛날식 이발소가 그리운 사람일 것이다.

작은 가위로 삐져나온 콧털을 자르고 면도날로 귓불의 잔털까지 말끔하게 깎아낸다.

"이제 머리 감읍시다."

머리에 비누칠을 해서 두 번을 감기고 샴푸로 한 번 더 감긴다. 시원하다. 수건으로 물기를 털어내고, 가르마를 타고, 헤어드라이어로 정성스레 말리며 곱게 빗는다. 부드러운 손으로 얼굴에 로션을 골고루 발라준다.

"얼만가요?"

"만이천 원입니다."

지난 번 영산포 대신이발관하고 똑같다. 나주는 다 만이천 원으로 통일돼 있는 건가. 현금으로 계산한다. 팁을 좀 드리려 하자 정확하게 만이천 원을 제하고 거스름돈을 돌려준다.

"그냥 받으셔도 되는데요."

그렇게 말하면서도 고집하지 않는다. 전문가다운 자부심이 느껴져서

다. 명함을 드리고 명함을 받는다. 안정남 선생이 밖으로 나와 차를 돌리는 나를 배웅한다.

"기회가 되면 또 오겠습니다."

어두워진 길을 달려 혁신도시로 돌아온다. 거울을 보니 머리 모양이 점점 나주 스타일이 되어간다. 그래도 상관없다. 나주의 옛날식 이발소에는 속성 커트전문점이나 미용실에서는 느낄 수 없는 즐거움이 있다. 그리운 어린 시절로 돌아가는 재미가 있다. 앞으로도 이발은 계속 이런 이발소를 찾아 할 것이다.

영산포
우牛시장

영산포 우시장은 일제 강점기인 1923년에 처음 시작되었다고 한다. 여러 군데 옮겨 다닌 끝에 현재의 자리에 정착했는데 세지면 송제리 출신 전주 이씨 16세손 이천석이란 분이 초기 우시장 형성에 크게 기여하였다고 우시장 한 켠에 공덕비가 세워져 있다. 매주 금요일에 서는 영산포 우시장은 보통 때는 하루 오백 마리 정도의 소가 거래된다. 최근엔 코로나로 숫자가 줄었다지만 그래도 오늘 아침 우시장에는 삼백여 마리의 소들이 경매에 나왔다. 비육우(고깃소)가 백오십 마리, 임신우(새끼 밴 소)가 육칠십 마리, 송아지가 백오십여 마리 정도다.

송아지 매는 칸에 까만 소 한마리가 매여 있다.

"육우는 안 됩니다. 빼주세요."

축협 관계자가 소리쳤다. 키우던 육우를 내다 팔겠다고 가져온 모양인데 한우 아니면 경매대상이 아니란다. 잠시 후 여러 사람들이 몰려들어 까만 소를 살핀다. 이백 몇 십만원 운운하는 흥정 소리가 들린다. 소를 싣고 온 사람은 주인이 아닌 듯하다. 소 값을 얼마까지 낮출 수 있는지 물어보겠다며 어디론가 전화를 건다.

2008년 이명박 정권 초기, 미국 쇠고기 무제한 수입 허용 결정으로 궤멸적 타격을 입을 뻔한 위기를 넘긴 후 한우 농가들은 높은 한우 가격 덕에 십 년이 넘는 기간 호시절을 누리고 있다. 방송을 하면서 보람있는 일들이 많았지만 'PD수첩' 방송으로 광우병 위험의 미국 소고기 무제한 수입개방을 저지하고 한우 농가를 지키는 데 기여할 수 있었다는 것 또한 큰 보람 중 하나다. 방송 후 이명박 정권의 보복을 당해 만 3년을 재판에 시달렸고, 박근혜 정권 말까지 고난을 겪었지만 사필귀정을 믿으며 견뎌냈다. 지금도 같은 상황이라면 그때와 똑같이 정권의 무모한 결정을 망설임 없이 고발했을 것이다.

오랜만의 우시장 구경. 소 울음 소리, 확성기 소리, 경매 소리로 떠들썩하다. 활력이 넘친다. 몸에도 기운이 들어차는 듯하다. 소 값 흥정하

매주 금요일 서는 영산포 우시장. 최근엔 코로나로 숫자가 줄었는데도 삼백여 마리의 소들이 경매에 나온다. 비육우(고깃소)가 백오십 마리, 임신우(새끼 밴 소)가 육칠십 마리, 송아지가 백오십여 마리 정도다.

는 소리, 두툼한 지폐다발, 거나한 막걸리 좌판, 소 판 돈을 노리는 노름꾼들은 더 이상 볼 수 없는 현대식 우시장. 옛날의 정취보단 못해도 도시에선 죽었다 깨도 볼 수 없는 풍경이다.

도래마을 한옥펜션
'산에는 꽃이 피네'

한옥펜션 '산에는 꽃이 피네'. 이름이 길다.

"길어서 그런지 이름을 끝까지 말하는 사람이 거의 없어요. 전화해서 '거기 산에는이죠?'라고 물어요. 김소월의 시가 좋아서 붙인 거고, 법정 스님이 쓴 책 이름이기도 한데 그걸 아는 사람이 거의 없어요. 지금 와서 바꾸려니 깔아 놓은 인프라가 너무 많아서 바꿀 수도 없네요."

홍주연 대표의 말이다. 펜션은 빛가람동에서 아주 가깝다. 다도면 풍산리 도래마을에 있다. 마을 뒤에 300m가 안 되는 나지막한 산이 있다. 식산이다. 정상은 감투봉이다. 산에서 내려오는 물길이 세 갈래로 갈라져 내 천川자를 이룬다고 해서 도천道川마을로 부르다가 천川자만 우리말로 내라고 바꿔 도내마을이 되었다가 다시 발음하기 좋아선지 도래마을이 되었다고 한다. 경북 안동의 풍산을 본으로 하는 홍씨 집성촌이다. 조선 중종 때 정암 조광조랑 친했던 홍한의가 기묘사화를 피해 내려와 정착했다. 그보다 훨씬 전인 고려 때 들어온 남평 문씨, 조선 초 들어온

강화 최씨가 살고 있었지만, 시간이 가면서 홍씨 집성촌이 되었다. 지금도 마을 주민 중 절반 가까이가 풍산 홍씨다. 2006년 전라남도 전통한옥마을로 지정되었다.

도래한옥마을 입구에서 곧장 가면 '산에는…'이 나온다. 긴 골목 끝에 있다. 펜션 입구를 들어서면 비석이 있다. 도촌원道村園.

"도촌원이라는 이름, 유래가 있나요?"

"작은 할아버지 호號를 따서 지었어요. 큰 할아버지가 세 살 때 돌아가신 후, 작은 할아버지한테 도움을 받고 컸어요. 이 집은 작은 할아버지 소유였는데 오래 전 싼 값에 우리한테 넘겨주셨어요."

한옥펜션은 원래 홍 대표의 어머니가 노후 대책으로 소일 삼아 운영했다. 홍 대표는 디지털에 약한 어머니를 도와드리다가 나이 드신 어머

니 대신 전부를 떠맡았다. 8년 전이다. 370평 대지에 들어선 한옥 세 채. 두 채는 예전부터 있던 것이고 한 채는 지은 지 오래되지 않았다. 세 채를 합친 건축 면적은 총 70평이다.

"너무 일이 많고 힘들어요. 얼마나 고생을 많이 했는지 제가 엄마하고 같이 있으면 사람들이 자매인 줄 알아요."

올해 마흔아홉. 부모님은 상속재산으로 남동생에겐 광주의 아파트를, 딸인 홍 대표에게는 한옥을 물려주었다. 오래 전이라 한옥 가격이 싸기도 했지만, 부모님은 이 집은 '여자가 발복하는 터이니 딸한테 주는 게 맞겠다'고 생각했단다. 펜션을 직접 운영하

한옥펜션 '산에는 꽃이 피네' 입구.

게 된 홍 대표는 집을 고치고 정원을 가꾸는 데 돈을 쏟아 부었다. 원래 있던 두 채의 한옥에 더해 새로 이층집으로 한 채를 더 지었다. 다양한 이벤트를 진행하기 위해 아래층에는 복합문화공간을 만들었다. 강의도 하고 체험활동도 할 수 있을 정도의 크기다. 객실은 모두 넷인데 인접해 있는 두 곳 중 하나는 항상 비워둔다. 손님들이 편하게 쉬는 데 방해가 될까 봐 일부러 받지 않는다.

"평일엔 40%밖에 안 차지만 주말엔 거의 꽉 차요. 그러니 여길 떠날 수가 없어요. 엄마는 괜히 너한테 이 집을 물려줘서 생고생이다, 팔고 떠나자고 하시지만 그게 쉬운가요."

제일 작은 방이 평일엔 19만 원, 주말엔 23만 원이다. 큰 방이라고 해도 거기서 만원이 추가될 뿐 별 차이는 없다. 얼핏 비싸게 들릴 수도 있지만, 이 정도 수입으로는 운영비를 충당하기에도 벅차다.

"한옥을 유지, 보수하는데 들어가는 비용이 만만치 않아요. 국가와 지자체 지원을 받아서 해보려다 너무 힘들고 문제가 많아서 포기했어요."

집 자체를 개, 보수하는 데 들어가는 비용은 말할 것도 없고 방안 비품, 정원의 꽃, 풀, 나무, 모두 돈이다. SNS는 잘 활용하면 크게 도움이 되지만 SNS 때문에 힘들어진 것도 있다. 까다로운 손님들은 조금만 불편하거나 마음에 안 드는 점이 있으면 가차 없이 부정적인 리뷰를 인터넷에 올린다.

"거울이 오래되면 변색되잖아요. 어찌 보면 자연스러운 일인데 서울 기준으로는 이해를 못하나 봐요. 방안 거울 전부를 바꿨어요. 지네가 나온다고 해서 지네 쫓는 초음파 기기도 설치했고요."

그래도 홍 대표는 지역의 숙박업에 까다로운 손님들을 만족시킬 수 있는 수준의 호텔 서비스 개념이 도입되어야 한다고 생각한다.

"한옥이 있고 방만 있다고 손님을 받을 수 있는 게 아니어요. 한 번은 넘치는 단체 손님을 다른 한옥펜션에 소개한 적이 있어요. 나중에 모든 클레임이 나한테 오는 거예요. 다시는 손님을 다른 데 소개하는 일은 안 하기로 했어요."

'산에는…'은 포털에 한옥펜션 광고를 한다. 포털이 떼어가는 수수료가 장난이 아니다. 착취당하는 느낌이 들 정도다. 게다가 나주 하면 관광지의 이미지가 없다고들 하는데 손님이 올까.

"전국에서 인터넷이나 SNS를 보고 찾아와요. 대부분 이삼십 대 손님들이어요. 나이 든 사람들은 대충 잠만 자면 되지라고 생각할지 모르지만 젊은 사람들은 달라요. 하룻밤을 자도 멋있고 분위기 좋은 데를 찾아

부모님에게 물려받은 한옥을 고쳐 펜션을 직접 운영하게 된 홍 대표는 원래 있던 두 채의 한 옥에 새로 이층집으로 한 채를 더 지었다. 다양한 이벤트를 진행하기 위해 아래층에는 복합문화공간을 만들었다.

요. 돈 쓰는 걸 아까워하지 않아요. 한옥펜션은 고급화 전략으로 가야 한다고 생각해요. 포커스를 이삼십 대에 맞춰야 해요."

포털에서 남도 한옥펜션을 검색하다가 '산에는…'을 발견하고 예약하는 것 같단다. 담양 한옥펜션 소개가 끝난 다음에 나주 펜션 소개가 뜨기 때문에 담양인 줄 알고 예약하는 사람들도 있단다. 홍 대표는 담양이 부럽다. 여행자들을 충족해주는 인프라가 잘 갖춰져 있다. 볼거리 먹을거리 쉴 곳. 대나무로 시작해 담양은 전남 서부 지역의 대표적인 관광지가 되었다. 나주는 갖고 있는 자원이 훨씬 많은데, 대표적인 관광지가 어디냐는 질문을 받으면 망설이게 된다.

"우리 집에 오는 손님들은 그냥 숙소 하나만 보고 오는 거예요. 잠은 여기서 자고 여행은 담양 순천 여수로 가요. 안타깝죠."

화악 눈길을 잡아끌 만큼 화려하진 않지만 수수하면서 자연스러운 정원은 섬세하게 공들여 가꾼 것임을 금세 알 수 있다.

호텔식 서비스. '산에는…'에서는 주말에 아침 식사를 낸다. 나주는 예로부터 반상이 유명하다. 나주반상에 정갈하게 차려내는 밥상. 홍 대표 어머니의 솜씨다. 양념 하나까지 모두 나주에서 나는 것들로 만든다. 한 상에 만팔천 원을 받지만 할수록 손해다. 나주에서 나는 건강한 로컬 식재료들로만 만드니 단가가 맞지 않는다. 손님들은 너무 좋아한다. 딜레마다.

오토바이를 타고 일본의 혹카이도를 여행한 적이 있다. 타카쿠라 켄 주연의 영화 '에키驛'를 촬영한 마시케라는 곳의 작은 포구 앞 민숙(민박). 시어머니와 며느리가 운영하는 작은 민박집은 숙박비도 저렴했지만 저녁과 아침 식사가 좋았다. 앞바다에서 잡은 물고기와 지역 식재료로 만든 조촐한 밥상. 싱싱하고 깔끔하고 맛있었다. 일본을 여행할 때마다 부러운 것은 밖으로 나가지 않아도 펜션이나 민박집에서 식사를 할 수 있다는 점이었다.

홍 대표는 지금 조식 바구니를 개발하고 있다. 먹는 게 해결되지 않으면 아무리 좋아도 관광객을 오게 하기 어렵다. 놋그릇에 담은 음식 바구니를 개발해서 아침에 방마다 갖다줄 생각이다. 더불어 바깥을 꾸미는 일에도 힘을 쏟고 있다. 요즘은 젊은 사람들도 자연에 관심을 갖기 시작했다고 느낀다.

"보고 놀기 위한 것도 있지만 요즘은 쉬기 위한 여행이 중요해진 것 같아요. 그냥 멍 때리기. 물멍 불멍 숲멍… 이박 삼일 아무 것도 안 하고 쉬기만 하는 손님도 봤어요. 비 오는 날 하루종일 마루에 앉아 비 내리는 정원만 바라보고 있는 거예요."

코로나로 쌓인 울적함과 짜증을 해소하기 위해 힐링 여행을 하는 사람들이 늘어났다는 얘기다. 집 바깥의 분위기도 좋아야 하는 까닭이다. 홍 대표는 요즘 트렌드에 맞는 정원을 만들기 위해 애쓰고 있다. 다른 지역에서 한옥펜션을 운영하는 사람들과 교류하며 정보를 교환한다. 자연스러우면서도 세련된 정원인 도촌원은 홍 대표의 작품이다.

"칠팔 년 이렇게도 해보고 저렇게도 해보니 나름대로 감이 생기더라고요. 지금 정원은 올봄에 싹 갈아엎고 다시 조성한 것이어요. 나무를 베어내기도 하고 새로 심기도 하고, 꽃의 색깔도 보고, 풀의 높이도 보고. 너무 화려한 색들은 자제했어요. 정원에 놓는 의자나 테이블도 분위기를 해치지 않는 것들로 맞췄고요. 정원에도 트렌드가 있어요. 한 번 해놨다고 그대로 놔두면 식상해지거든요."

수수하면서 자연스러운 정원은 섬세하게 공들여 가꾼 것임을 금새 알 수 있다. 시골의 푸짐한 인정은 우선 섬세한 서비스가 있고 난 후의 얘기다. 펜션을 운영하는 사람들의 마인드가 변해야 하지만 몰라서 그러기도 한다. 한 번도 제대로 교육을 받아본 적이 없는 경우가 많다. 지자체의 노력이 필요한 지점이다.

"지자체서 조금만 지원해주면 좋겠어요. 특히 홍보나 교육에 지원이 필요해요. 한옥 숙박업을 하시는 분들은 나이 드신 분들이 많아요. 인터넷이나 SNS에 약할 수밖에 없죠."

'산에는⋯'의 이웃집은 국가문화재다. 도래마을 안에는 국가문화재로 지정된 한옥이 여러 채 있다. 도래마을 전체가 훌륭한 문화자원이다. 세련되게 가꾸면 기가 막힌 관광자원이다. 그런데 국가문화재라는 집에서 눈에 거슬리는 시설이 보인다. 태양광 발전 패널이다. 그뿐인가. 도래마을 입구 작은 연못의 나무 데크, 방치된 채 폐허가 된 집, 마당의 무성한 잡풀 등등.

구슬이 서 말이라도 꿰어야 보배다. 나주엔 보물이 많다. 문제는 어떻게 그걸 잘 꿸 것인가다.

전기에너지 박사는
왜 나주를 떠나려 할까

전기電氣라면 대한민국에서 손꼽히는 전문가 이순형 박사를 만났다. 올해 나이 만 예순. 나주 다시에서 나고 자랐다. 다시중학교를 졸업한 후 나주를 떠났다. 대학에서 전기를 전공하고 대학원에서 안전공학을 공부했고 서울 과기대 에너지환경과 박사과정을 졸업했다. 1986년에 화인엔지니어링을 설립한 후 전기설계분야를 개척해 강소기업으로 성장시켰다. IMF 사태 때 어려움을 겪은 후 재기, 1996년 선강엔지니어링으로 회사 이름을 바꾸고 시대의 변화에 발맞춰 신재생에너지 전문기업으로 다시 출발했다. 태양광 풍력 등 신재생에너지 회사로 전문성을 인정받고 국내외 대규모 프로젝트를 맡아 수행해왔다. 고흥 거금솔라파크의 25MW 태양광발전소, 영광 폐염전 10MW 태양광발전소는 선강엔지니어링이 설계와 감리를 맡은 곳들이다. 내 최초 4채널 전기자동차 완속충전기는 선강엔지니어링이 개발한 것이다.

2020년 8월, 이순형 박사는 광주시 그린에너지기술분과위원장으로 위촉되어 광주시가 '광주형 AI-그린뉴딜 비전'에 근거하여 야심차게 선언한 '2035년 광주 RE100 달성'과 '2045년 에너지자립도시' 실현을 위해 필요한 기술적 지원계획을 다듬고 구체화해나가는 일을 주도하고 있다.

같은 해 12월, 이순형 박사는 제23회 대한민국 전기안전대상 시상식에서 오랫 동안 전기재해 예방과 전기안전에 기여한 공을 인정받아 은탑산업훈장을 수상했다. 자타가 공인하는 전기에너지 분야 전문가. 전기 분야 엔지니어링 회사로 전국에서 다섯 손가락 안에 들 정도의 짱짱한 회사를 운영하던 기업인이 왜 나주로 내려왔을까.

"나이가 드니 고향 생각이 나더라고요. 마침 혁신도시가 들어서고 한전 본사가 나주로 온다잖아요. 내 전공이 전기인데, 나주가 에너지수도가 되겠다고 하고 에너지밸리가 생긴다니 얼마나 좋습니까. 고향으로 돌아갈 절호의 기회라고 생각했죠. 8년 전이네요."

그런데, 말에 힘이 없다.

"나주에 내려온 후 상처를 너무 많이 입었어요. 피투성이가 됐지요."

이 박사의 페북에서 '조만간 나주를 떠날 참'이라는 뉘앙스의 글을 읽은 적이 있어 연유를 물었다. 자세한 이야기는 생략하고, 간단히 말하자면 나주 사람인데도 나주를 제대로 알지 못했다는 것이다. 서울 수준의 혁신도시가 옛날 그대로의 나주에 기름처럼 얹혀 있을 뿐 뉴타운과 올드타운의 격차는 전혀 좁혀지지 않았다. 눈에 보이는 것보다 보이지 않는 것의 차이가 이토록 클 줄 몰랐다. KTX로 서울에서 두 시간밖에 걸리지 않지만 의식과 문화의 격차는 그 몇 백배쯤 되는 것 같다고 했다.

'에너지플러스 주택' 안으로 들어가기 전에 집 앞에 펼쳐지는 풍경을 감상한다.

"앞에 보이는 논들, 구획정리가 안 돼 있어서 경계선이 삐뚤빼뚤하잖아요. 외려 그게 더 보기 예뻐요. 오른쪽 끝까지 가면 영산강이고요, 그 앞 뚝방 위에 KTX 열차가 달리는 철로가 있어요. 거기 터널이 버려진 채 있어요. 거기를 전기도서관 이나 전기박물관 또는 전기카페 등으로 만들고, 거기서부터 요 위 왼쪽 끝에 있는 투주제 저수지까지 한 3km 정도 됩니다. 이 계곡 전체를 에너지밸리로 만들고 싶었어요. 남아도는 벼 대신 꽃이 피는 자운영이나 유채 등을 심고요. 마을 전부를 에너지제로 마을로 해보고 싶었습니다."

그의 말대로 용두마을부터 투주제까지 계곡 전체를 전기와 에너지를 테마로 해 관광지로 조성한다면 폐터널을 잘 살릴 수도 있겠다는 생각이 든다.(가칭 드래곤밸리 Dragon Valley 라고 부르기로 한다. 용무리골, 용두골, 용머리 길 같은 명칭이 붙어 있고 위에서 내려다본 모양이 용을 닮았으니 용의 계곡 드래곤밸리라는 이름이 이상하진 않을 것이다.) 별봉산이나 호암산 어디 적당한 곳에 전망대를 만들면 나주 원도심 혁신도시 영산강까지 볼 수 있지 않을까. 별봉산 편백나무 숲에는 피톤치드를 들이마실 수 있는 트레킹코스를 조성하고, 산 이름처럼 별을 볼 수 있는 작은 천문대도 만들고.

마재골을 지나 서당골 바로 아래에 투주제가 있다. 크다고도 작다고도 보기 어려운 저수지이지만 제법 유명한 낚시터다.

"전기 에너지 관련 책만 몇 만 권 갖고 있어요. 한국전력에도 도서관이 있지만 내가 갖고 있는 책이 훨씬 더 많을 겁니다. 오래된 책들부터 최근 나온 책까지. 여기에 전기 에너지 전문 도서관을 만들고 싶어요. 누구든 와서 볼 수 있게. 카페와 펜션도 많이 들어서게 하고, 마을의 집들은 모두 에너지제로 주택으로 만들고요. 계곡에 예쁘게 조명도 설치하고, 신재생에너지에 관해 배울 수 있는 시설과 도농복합형 마이크로그리드를 만들고요. 나주에 가면 전기와 에너지에 관한 모든 것을 보고 배우고 체험할 수 있을 뿐 아니라 멋진 관광지라는 사실이 널리 알려지면 많은 사람들이 찾아오지 않겠어요?"

전기 박사인 줄만 알았는데 관광에 대한 마인드도 보통이 아니다.

"투주제는 산책하기 좋게 정비해서 공원으로 조성하고, 글램핑장을 만들어 캠핑족들을 오게 하고."

이 박사가 생각하는 에너지밸리 조성 계획은 최종적으로 글로벌 에너지허브 조성을 목표로 광주전남공동혁신도시(나주시 빛가람동)와 인근 지역(광주 남구와 나주 금천·산포·왕곡) 산업단지에 에너지산업 위주의 기업과 연구소를 유치하고 산업생태계를 구축함으로써 지역경제를 활성화시키고 국가경제발전에 기여하고 많은 일자리를 창출하겠다는 계획이다. 기업 유치 500사, 일자리 창출 3만 개가 목표다.

"나주는 에너지수도를 표방하고 있는데, 어떤가요?"

"나주에 에너지제로 마을 하나가 없잖아요. 명실상부 에너지수도가 되려면 지자체는 물론이고 시민 한 사람 한 사람부터 달라져야 해요. 그런 마인드가 턱없이 부족해요. 나주역은 허브스테이션이 돼야 하구요, 인근에 컨벤션 센터와 회의실이 있으면 좋을 겁니다. 전시도 하고 회의

100미터 남짓한 높이의 호암산 아래 축대 위에 올라앉은 현대식 주택. 진입로 입구부터 범상치 않다. 철제 기둥 위에 작은 전광판, 태양광발전패널, 소형 풍력발전기가 달려 있다.

도 하고. 전시는 광주전남이 함께 하면 됩니다. 김대중컨벤션센터가 있어도 같이 협력하고 상생할 수 있어요. 나주는 광주송정역에서 광주 시내 들어가기보다 편합니다."

선 채로 끝도 없이 대화가 이어진다. 주택 자체에 관한 설명을 듣기로 한다. 이 박사는 이 집을 4년 전에 지었다. 일반적으로 '에너지제로 주택'이라고 하는데, 자체 생산하는 전기가 쓰고도 남으니 실제로는 '에너지플러스 주택'이다. 남는 전기는 한전에 저축해두었다가 생산량보다 많이 쓰게 되는 여름이나 겨울철에 갖다 쓴다. 'AI-에너지 하우스'라고 적힌 커다란 안내판이 집 벽에 붙어 있다. 태양광 발전, 에너지저장장치 ESS, 소형풍력, 방범방재 안전시스템, 태양열 온수, 지열, 전기자동차 충전시스템, 온상설비, 사물인터넷, 에너지관리 시스템, V2G, 적정기술,

스마트조명, 원격제어형 전원관리시스템 등이 적용된 주택이란다.

"지열이요?"

"예, 5미터 간격으로 구멍 두 개를 땅속 150미터까지 팠어요. 연평균 섭씨 16도에서 18도 정도 되는 온도를 사계절 이용합니다."

주택에는 사물인터넷IoT 센서가 120개 정도 달려 있다. 전기 배선을 DC 24, 48, AC 220볼트로 해서 시험해봤는데, 안전성, 경제성, 초기 투자비용 등 측면에서 DC 48볼트가 가장 경제적이고, 향후 가야 할 방향이라는 결과를 얻었다. 이 박사의 집은 '에너지플러스 주택'이면서 동시에 '테스트베드'이기도 한 셈이다. 일반 주택을 지을 때보다 어느 정도의 비용이 추가될까. 2천만 원 정도 더 들어간단다. 더 많이 들어갈 것 같은데.

"회사에 맡기면 물론 더 들어가지요. 직접 하면 굉장히 싸게 할 수 있어요. 나주가 에너지 수도를 표방하고 있잖아요. 시민들 스스로 전기와 에너지에 대해 알아야 합니다. 직접 기기들을 만지고 설치할 수 있어야 합니다. 누구나 만지고 실험할 수 있는 메이커 스페이스maker space를 만들고, 지역에너지전환네트워크, 시민교육프로그램 등을 통해서 어디서 구매하고 어떻게 설치하는지 배우고, 직접 해보고 하면 그렇게 어렵지 않아요. 힘들면 네트워크에서 도움을 받으면 됩니다. 예전에는 태양광이 어떻고 풍력발전이 어떻고 했지만 지금은 인터넷 찾아보면 다 알 수 있습니다. 이제는 IoT, 솔루션 등을 교육해야 합니다. 아주 싸게 할 수 있더라, 모르면 아는 사람한테 물어보면 된다, 도시 전체에 이런 분위기가 활성화되어야 합니다."

이순형 박사의 집에는 컨테이너로 된 견본룸이 있다. 선진국에서 쓰

이순형 박사의 집은 태양광 발전, 에너지저장장치(ESS), 소형풍력, 방범방재 안전시스템, 태양열 온수, 지열, 전기
자동차 충전시스템, 온상설비, 사물인터넷, 에너지관리 시스템, V2G, 적정기술, 스마트조명, 원격제어형 전원관
리시스템 등이 적용된 'AI-에너지 하우스'다.

는 소케트로 연결된 스마트 조명기구, IoT, 주택보안 시스템을 체험할
수 있다. 이 박사가 스마트폰을 들고 조작한다. 조명을 켜고 서서히 밝
기를 줄이고, 끈다. 커튼을 활짝 열었다가, 반만 열었다가 닫는다. 대문
을 열었다가 닫는다. 인터넷으로 연결되는 스마트폰만 있으면 집에 단
카메라를 통해 눈으로 직접 보면서 세계 어디서든 조작이 가능하다. 천
장에 달린 카메라에는 스피커와 마이크 기능이 포함돼있어 스마트폰을
든 사람과 대화도 가능하다. 이런 분야에 문외한인 사람으로선 감탄하
지 않을 수 없다.

"이 소케트를 보세요. 일본 같은 나라에서 조명은 가구입니다. 이사할
때 떼어갑니다. 어디든 천장에 표준화된 소케트가 달려 있어서 보통 사

람들도 간단히 끼웠다 뺐다 할 수 있습니다. 우리나라는 표준화가 안 돼 있어요. 그러니, 천장에 조명 설치하는 일이 번거로울 수밖에요. 어떤 소켓은 셋톱박스 기능이 들어있어요. 천장에 달려 있으니 걸거적거리거나 전파 방해 같은 게 생길 수 없어요. 조명기구에 공기청정기까지 들어간 것도 있어요."

에너지밸리가 있고 에너지수도를 표방하는 나주는 이런 것부터 시범지구를 운영하고, 새로 짓는 주택부터라도 적용할 필요가 있다. 기술이 없어서가 아니라 마인드가 없어서다. 학생과 일반인들 가릴 것 없이 에너지에 관해 쉽게 배우고 알아야 한다. 가보진 않았지만 나주에도 메이커 스페이스가 있다고 들었다.

"있습니다만 아쉬운 점이 많습니다. 다양한 규모의 메이커 스페이스가 누구든, 어느 때든, 편한 복장으로 쉽게 접근할 수 있는 여러 장소에 있어야 하는데, 그렇지가 못해요. 지역주민들이 접근하기 어려운 큰 건물, 그것도 5층 이상에 마련돼 있습니다. 이웃집 가듯 들러서 사물인터넷, 아두이노Arduino* 같은 메이커 활동을 하기가 쉽지 않습니다. 메이커 스페이스의 개념을 제대로 이해하고 있는 것 같지 않습니다. 정부로부터 큰 지원을 받는 곳이기 때문에 더욱 안타까워요."

한국전력을 품고 있고 에너지수도를 표방하고 있는 나주는 어떤 방향으로 가야 할까.

"나주는 에너지전환 시대를 이끌어갈 4차 산업혁명의 주인이 되어야

---

* 물리적인 세계를 감지하고 제어할 수 있는 인터랙티브 객체들과 디지털 장치를 만들기 위한 도구로, 간단한 마이크로컨트롤러(Microcontroller) 보드를 기반으로 한 오픈 소스 컴퓨팅 플랫폼과 소프트웨어 개발 환경을 말한다. [두산백과]

이순형 박사의 집은 인터넷으로 연결되는 스마트폰만 있으면 집에 단 카메라를 통해 눈으로 직접 보면서 세계 어디서든 조작이 가능하다.

합니다. 스타트업, 에너지마켓, 신재생에너지 시민참여 운동… 할 게 너무도 많습니다. 최첨단 에너지 도시가 나주가 가야 할 방향입니다."

나주에 내려온 이후 줄기차게 그런 이야기를 해왔다. 이젠 지쳤다. 보람보다는 상처가 많은 시간이었다.

"관 쪽에서는 저를 장사꾼으로 여기는 듯해요. 제가 하는 사업은 주로 수십 억짜리지, 몇천만 원이나 몇 백만 원짜리가 아닙니다. 지자체가 발주하는 일을 하겠다고 나선 적도 없어요. 에너지포럼이라는 비영리 사단법인을 만들어 활동했는데 오래 가지 못했어요. 같이 하던 사람들이 돈이 안 된다는 거예요. 한전에서 돈도 가져오고, 몇 백억이라도 따올 줄 알았는데 그런 게 없다는 거죠. 같이 경쟁할 이유가 없는 다른 시민단체들까지 곱지 않은 시선과 말로 상처를 주었고요."

이 박사가 말을 고르고 표현을 절제하는 게 느껴진다. 얼마나 힘들었을지 짐작이 간다.

그는 사비로 시간이라는 월간지를 창간했다. 전기와 에너지 관련 내용 뿐 아니라 나주를 소개하는 내용도 집어넣었다. 매월 3천 부씩 찍어 공기업들과 지자체들에 배포했다. 다채롭고 알찬 내용에 대한 독자들의 반응이 좋았다. 한전에만 8백 부를 배포했다. 직접 취재하고 사진을 찍고 글을 쓰기도 했다. 혁신도시에 입주한 기업을 하나하나 찾아다니며 소개하기도 했다.

3년 동안 계속했는데 결국 중단했다. 한전에서 내용이 너무 좋은데 왜

중단하느냐, 인쇄비를 다 댈 테니 계속 발행해달라고 했지만 사양했다. 잡지를 발행하는 것을 두고도 의욕을 꺾는 말들이 돌아다녔다. 사서 하는 고생을 계속하고 싶은 마음이 사라졌다. 안내를 받아 견본룸을 견학한 다음 거주하는 주택으로 들어간다. 현관으로 들어서자 조명이 켜진다.

"일반 아파트와는 조금 다릅니다. 이 조명이 켜지면서 집안의 모든 기능이 정상으로 돌아와 작동하기 시작합니다."

이 박사가 책상 위 천정에 달려있는 조명을 조작한다.

"스마트조명입니다. 인공지능 기능이 있어서 축적된 데이터를 이용해 내 습관을 파악합니다. 센서가 나를 계속 감지합니다. 책을 보고 있으면 거기에 맞춰서 조도가 달라집니다. 가령, 오 분 동안 움직임이 없으면

스스로 꺼집니다. 필요시에는 수동으로 전환할 수 있습니다. 색온도는 4500캘빈입니다. 이걸 바꿀 수도 있습니다. 한 등이든 두 등이든 전부든 마음대로 켰다 끌 수 있습니다."

"그런데, 일반인들은 뭘 이렇게까지 해야 돼나라고 생각할 수 있지 않을까요?"

"그렇지요. 건강한 사람은 그냥 살아도 되겠지요. 문제는 거동이 불편한 노인과 장애인들입니다. 사물인터넷 IoT 은 노인과 장애인 복지에 아주 유용합니다. 돌보미제도가 있지만 돌보미가 없는 공백 시간을 사물인터넷이 지켜줄 수 있어요. 커튼이든 문이든 조명이든 스마트폰 혹은 간단한 동작만으로 제어할 수 있잖습니까. 또 인공지능으로 학습해서 자동으로 작동하잖아요. 주택 안전에도 유용하지요. 밖에 나갔을 때 혹시 내가 인덕션에 불을 켜놓고 나왔나 걱정되면 스마트폰을 켜서 바로 카메라로 확인할 수 있어요. 어디서든 원격으로 불을 껐다 켰다 할 수 있으니까 얼마나 편합니까."

이 박사가 영어 잡지 와이어링 Wiring 을 꺼내 보여준다. 해외 출장을 갔을 때 사온 것이다.

"미국과 캐나다 같은 나라의 편의점에 가면 이런 책들이 있습니다. 주부들이 읽고 잡지에 나와 있는 대로 따라서 합니다. 나주에 오면 이런 책들을 살 수 있고, 시민들은 웬만한 전기 작업을 직접 다 할 수 있고, 누구한테든 물어보면 가르쳐주고. 에너지수도를 표방하는 나주가 이 정도 수준이 되면 좋겠습니다. 일본만 가도 가정집 상비약처럼 전압 테스터가 필수품입니다. 전기가 안 들어오면 우리는 무조건 한전에 전화하는데 선진국에서는 개인이 직접 테스터를 들고 체크합니다. 한전은 민

원이 있으니 서비스를 해주긴 합니다만 원래 한전 업무는 아니지요."

선진국은 인건비가 워낙 비싸서 스스로 해결하는 문화가 발달한 줄 알았는데 꼭 그런 것만은 아니다. 시민들 스스로 어느 정도 수준까지는 직접 진단하고 해결하는 능력을 갖추고 있다. 최고로 인구가 많았을 때 나주의 인구는 28만 명 정도였다. 그 후 오랫동안 계속 줄어들다가 8만 명대가 무너졌다. 증가세로 돌아선 것은 혁신도시가 들어서면서였다. 그 후 매년 조금씩 증가해 왔는데, 머지않아 12만 명에 도달할 것으로 예상된다. 한국전력을 비롯한 열여섯 개 기업이 나주로 옮겨온 덕에 나주는 이제 발전을 위한 절호의 찬스를 잡았다.

"한국전력이 나주로 왔다는 것의 의미는 어떤 것입니까?"

"한전이 나주에 직접 도움을 주는 부분은 생각만큼 많지 않아요. 주주 구성이 국제적이라 지역을 위해 뭔가를 한전 마음대로 해줄 수 없게 돼 있어요. 다만, 지역과 상생협력을 해야 할 책임이 있고 담당 부서가 있으니까 거기 도움을 받아서 나주에 에너지자립마을, 마이크로그리드, 완전한 스마트조명 시스템 같은 걸 만들 필요가 있어요. 뭐든 한전이 지원해줄 것이라는 생각은 잘못된 것입니다. 의식이 바뀌어야 나주가 신재생에너지나 수소산업을 리드해나갈 수 있습니다. 2020년까지 에너지밸리에 500개 이상의 기업을 유치하겠다는 목표를 세웠는데, 숫자상으로는 거의 달성했을 겁니다. 중요한 건 실속입니다. 입주한 공장들이 한전에 납품하는 제품 외에는 잘 만들지 않아요. 어떤 건 가져다 조립만하는 경우도 있어요. 한전은 사용하지 않는 제품은 당연히 지원도 안 하고 구매도 안 하지요. 입주한 기업들이 R&D에 투자하고 부가가치 높은 제품을 생산해야 합니다. 한전은 든든한 빽 정도로 생각해야지 한전이 모든 걸 해줄 것이다? 그건 아닙니다. 지자체의 엄청난 노력이 필요합니다."

과연 손에 꼽히는 에너지전문가답다. 에너지수도를 표방하고 있는 나주. 내년 나주에는 에너지 분야 세계 최고의 교육기관을 목표로 하는 한국에너지공과대학교가 개교한다.

"에너지에 한해서는 나주가 최첨단이다, 최고다, 이렇게 되어야 명실상부한 에너지수도랄 수 있습니다. '한전이 있어서 나주에 에너지밸리가 있고 나주가 에너지수도인 것이다'라기보다는 '에너지수도인 나주에 가봤더니 한전이 있더라'로 바뀌어야 합니다. 그것이 나주가 가야 할 방향입니다."

이순형 박사의 이야기를 들으면서 많이 배운다. 의식하지 못한 사이 시간이 많이 흘렀다.

"페북에 나주를 떠나고 싶다고 쓰신 것 같은데, 정해졌습니까?"

"우선은 일주일에 삼일 정도 서울에 있을 생각입니다. 여러 회사에서 같이 일하자는 제안을 계속 받아왔는데, 이번에 한 회사의 고문을 맡기로 했어요."

전기 에너지 분야 굴지의 전문가가 나이 들어 돌아온 고향인 나주를 다시 떠날 생각을 하고 있다. 이유는 이순형 박사만이 아니라 나주에서 만나는 많은 사람들의 이야기에서 충분히 짐작할 수 있다. 거듭 말하거니와 자고로 흥하는 나라는 도로를 건설하고 망하는 나라는 성을 쌓는다고 했다. 중국이 외침을 막으려 만리장성을 쌓았지만 소용없었다. 열린 마음으로 이질적인 것들을 받아들이고 외부의 우수한 인재들을 포용하고 사방으로 뻗은 도로를 타고 너른 세상으로 나가 누구하고라도 경쟁해 이기겠다는 자세를 가져야 한다. 끼리끼리 뭉쳐서 우리와 남을 가르고 배척해서는 미래가 없다. 고향이 그리워 돌아온, 자타가 공인하는 에너지 전문가에게 떠날 마음이 들게 하는 나주여서는 안 된다. 나주가 명실상부한 에너지수도가 되기 위해서도, 어느 지자체보다 풍부한 자원을 잘 활용하기 위해서라도, 오랫동안 쌓은 노하우와 전문지식을 나주를 위해 사용할 수 있도록 해야 한다. 나주가 새롭게 바뀌어야 한다.

남평골프장이
부른다

골프를 치지 않는다. 오래 전 배우긴 했다. 여의도에 있던 어느 신문사 문화센터에 등록해 몇 달을 다녔다. 머리를 얹어주겠다는 선배를 따라 필드에 처음 나갔을 땐 너무 좋았다. 탁 트인 시야, 푸른 잔디, 딱 하고 공을 칠 때의 쾌감, 날아가는 공….

"이야, 신세계네!"

감탄이 절로 나왔다.

데뷔는 했지만 계속하진 못했다. 우선은 일하느라 시간이 없었고, 시간이 나도 거의 하루를 허비해야 하는 골프를 칠 여유가 없었다. 서울에서 골프장까지 왔다 갔다 하는 데만도 몇 시간이 걸렸다. 거기에 더하여 나 같은 월급쟁이가 매번 자기 돈 내고 골프를 치기에는 부담스러운 비용이었다. 그렇다고 남의 접대를 받는다는 일은 스스로에게 용납이 안 되는 일이니 애당초 골프는 나와는 궁합이 맞지 않았다. 더욱이 내 운동신경으로는 아무리 노력해도 발전이 없다는 것을 일찌감치 감지한 터였

다. OB가 난 공을 찾으려고 이리 뛰고 저리 뛰는 기분 또한 전혀 유쾌하지 못했다.

MBC PD특파원으로 일본 동경에 부임한 지 얼마 안 됐을 때, TV아사히에 근무하는 친구 스나미 기자가 '송 상, 주말에 나랑 골프나 칠까?'라고 제안해서 '그러자'고 동의한 뒤 친구의 안내를 받아 우에노에 있는 아메요코초 시장에 가서 진열되어 있던 대만제 골프클럽 한 세트를 싼 값에 샀다. 한편으로는 '남들은 특파원으로 나가 있는 동안 골프 실력이 일취월장했다는데 나도 그래볼까' 하는 생각도 있었지만 역시 헛된 꿈이었다. 특파원 3년 동안 세 번쯤 쳤을까. 우선 업무가 눈코 뜰 새 없이 바빴다. 조금 쉬엄쉬엄 해도 될 터인데 성격상 그러지 못했다. 대만제 싸구려 골프클럽은 지금 어디 있는지도 모른다. 누굴 줬든지 아니면 이사 다니다 잃어버렸든지 했을 것이다.

남평골프장은 제대로 18홀을 갖춘 골프장은 아니고 나인홀 골프장과 연습장을 겸한 곳이다.

　최근 코로나 영향으로 골프 인구가 급증했다고 한다. 골프장마다 사람들이 몰리고 골프용품과 골프의류 판매도 증가했단다. 골프장 이용료도 올라 수도권 골프장의 주말 그린피가 30만원 시대에 접어들었다고 한다. 게다가 이런 비싼 이용료를 지불하고도 원하는 시간에 골프를 칠 수 없다니 참 딱할 노릇이다. 그래서 공개적으로 권한다. 수도권에서 골프 치기 힘든 분들, 시간 여유가 있어 몇 날이고 묵으며 골프 치고 싶은 분들이여, 나주로 오시라. 나주 주변에 자동차로 30분이면 갈 수 있는 골프장이 16개나 있다. 골프장 이용료도 수도권에 비하면 아주 싸다. 한 번은 친구가 재밌는 골프장이 있으니 구경삼아 가보자고 한다. 남평골프장. 18홀을 갖춘 골프장은 아니고 나인홀 골프장과 연습장을 겸한 곳이다. 모든 홀이 파쓰리 PAR3로 돼 있어 남평 파쓰리골프장이라고 부르기도 한다. 모든 홀이 파쓰리홀이긴 해도 코스 길이는 제각각이다. 가장 짧은 코스는 50미터, 가장 긴 코스는 270미터다. 나름 장단의 리듬이 있다. 놀라운 건 가격이다. 나인홀이 주중엔 만5천 원, 주말엔 만8천 원이다. 나인홀을 두 번 도는 18홀은 주중 2만5천원, 주말 3만원이다. 이 정도 요금이라면 누구든 골프를 즐길 수 있겠다.

남평골프장. 골프를 배우기 시작한 초보자나 연습을 목적으로 하는 사람들에겐 아주 좋은 골프장이다. 이런 데가 많이 있으면 서민들도 부담없이 골프를 즐길 수 있을 것이다. 남평골프장이 생긴 지 올해로 15년째란다. 주말엔 평균 200명 정도가 찾고 주중엔 그 3분의 1 정도가 찾아온다. 수도권에서 골프 때문에 열 받는 분들은 주저하지 말고 나주로 오시기 바란다.

금성산 생태숲을 가봤더니

금성산에 생태숲이 있다. 주소는 나주시 노안면 금안2길 207-161. 나주 원도심 금성관에서 보면 북서쪽이다. 목적지에 도착하면 "아아, 좋네"라는 소리가 나오지만, 산으로 올라가는 길은 편치 않다. 혁신도시에서 빛가람대교를 건너 원도심으로 향한다. 원도심 뒤쪽을 달리는 국도 13호선은 동신대 앞 교차로에서 오른쪽으로 휘어져 광주 쪽으로 향하는데, 직진하면 822번 지방도인 노안삼도로랑 연결된다. 동신대 캠퍼스 앞 구간을 지나면 나타나는 오른쪽에 있는 저수지가 연화제. 연화제 앞 사거리는 정약전 정약용 형제가 각자의 유배지인 강진과 제주도로 떠나기 전 하룻밤을 묵었던 율정점이 있던 곳이다. 연화제를 지나면 왼쪽에 칠전제, 조금 더 가면 노안2제. 노안2제를 지나서 나오는 첫 번째 사거리에서 내비는 좌회전을 지시한다. 좁은 길이다. 길은 금안마을 서쪽 가장자리를 지난다. 금안마을. 영암의 구림, 정읍 신태인과 함께 호남의 3대 명촌이다. 훈민정음 창제의 주역 신숙주의 생가가 있다. 5백여 년을

전시, 교육, 체험관을 갖추고 있는 금성산 생태관은 시멘트와 목재를 섞어 지었다. 전체를 목재로 지었으면 어땠을까 생각한다.

이어온 대동계가 있고, 각종 문화재가 스무 개가 넘는 선비마을이다. 금안마을 한가운데를 통과해서 생태숲으로 가는 길도 있다.

　좁은 길을 따라 한참을 올라가면 두 갈래 길이 나온다. 주소가 금안마을 2길 70인 집 옆이다. 왼쪽에 고방터라는 간판이 서 있다. 오른쪽 길로 들어선다. 개울을 가로지르는 작은 다리 끝에서 좌회전해 계속 올라간다. '이런 좁은 길을 이렇게 오래 가는 게 맞아?' 의심이 들더라도 내비를 믿어야 한다. 관광지든 휴양지든 접근이 쉬워야 하는데, 생태숲 가는 길은 그렇지 않다. 금안2제를 지난 다음 금안1제라는 저수지를 빙 돌아 한참을 간다. 드디어 시야가 넓어지는 곳에 이른다. 큰 비석에 새겨진 이름. 금성산 생태숲이다. 노안 쪽 금성산 자락 57만㎡에 걸쳐 조성돼 있다. 입구를 들어서면 화장실, 주차장, 금성산 생태관 건물이 있다. 전시, 교육, 체험관을 갖추고 있는 생태관은 시멘트와 목재를 섞어 지었다. 전체를 목재로 지었으면 어땠을까 생각한다. 좌우로 갈수록 올라가는 건물 꼭대기 선은 양반이 쓰는 갓을 연상시킨다. 건물 가운데 세로로 길게 GEUMSUNGSAN MOUNTAIN ECO CENTER라고 영어로 쓰여 있다.

생태관은 규모가 작다. 로비 가운데 커다란 버섯 모양의 집과 작은 미끄럼틀이 설치돼 있지만 지금은 사용금지다. 그 옆에 있는 노루 두 마리. 초등학교 교실 같은 느낌이다. 1층에 교육관, 2층에는 나무 체험관이 있다. 사우나처럼 생긴 작은 방 세 개. 소나무, 편백나무, 잣나무 체험관이다. 방에 입장할 수 있는 인원은 한 명으로 제한돼 있다. 코로나 때문이다. 강한 나무향이 코를 찌른다. 가슴깊이 들이마신다. 건강한 기운이 폐안을 가득 채우는 느낌이다. 세 개의 방 중 가장 깔끔한 건 편백나무 방이다. 소나무와 잣나무보다 편백나무는 옹이가 훨씬 적다. 생태 숲 곳곳에 굴참나무와 편백나무를 심고 황토길을 만들었다. 숲속 교실, 숲속 쉼터, 잔디광장, 숲 놀이터, 그리고 다양한 정원을 조성했다. 화목원, 향기원, 열매원, 섬유원, 염색원, 생태습지원, 식이식물원, 비비추원, 관목원, 한반도원, 유실수원. 모두 아담한 사이즈다. 꽃은 많이 볼 수 없다. 작은 군락을 이루고 있는 구절초와 상사화가 눈길을 붙든다.

싱싱한 구절초의 하얀 꽃들이 햇살에 눈부시다. 다른 곳이라면 이미 다 졌을 꽃무릇은 생태숲의 고도와 응달 때문인지 제법 꽃을 달고 있다. 꽃잎이 다 떨어져 가느다란 줄기만 남은 것들도 많다. 거북이 두 마리가 입으로 물을 뱉어내고 있는데 한 마리가 이상하다. 가까이 가보니 머리가 없다. 잘린 목에서 연신 물을 뿜어내고 있다. 그로테스크하다.

숲속 쉼터 여기저기에 평상이 놓여 있고 목재 선베드sunbed가 설치돼 있다. 선베드에 눕는다. 파란 하늘, 하얀 구름, 바람에 흔들리는 소나무 가지, 새 소리, 벌레 소리, 살갗을 간질이고 지나가는 산바람. 기분 조~오~타. 사람이 거의 없다. 조용한 숲속 쉼터를 거의 전세 냈다. 내리 쬐는 햇볕은 따갑지만 기분 좋은 따가움이다. 목재로 만든 다양한 놀이시설들이 설치돼 있다. 어린 자녀들을 데리고 오면 좋을 것 같다. 생태숲 위쪽으로 트레킹 하기 좋은 산길이 있다. 건강숲길이다. 건강숲길로 올라가지 않고 생태숲을 빠져나가는 길을 따라 걷는다. 어느 쪽으로 가는 길인지 궁금했기 때문이다. 한참을 걷는다. 무성한 수풀 뒤 집이 한 채 있다. 수풀 사이로 대웅전이라는 현판이 보인다. 절 같은데 지도에 이름은 안 나온다. 터벅 터벅 산길을 걷는 감촉이 좋다. 피톤치드는 덤이다. 생태숲에서 하루 종일 놀멍쉬멍 하고 싶지만 그럴 수 없어 차를 몰고 조심조심 좁은 길을 내려오니 고방터라는 안내판이 보인다. 안내판에는 '선비들의 과거급제를 알리던 일종의 알림터로 임금의 명을 받는 신성하고 엄숙한 공간이다. 특히 역사자원이 풍부한 금안권역에서는 잊혀져 가는 이 고방터를 특화하고 정비보전하기 위하여 하나의 특화 아이템으로서 이곳을 보전한다'라고 적혀 있다. 보전하기 위하여 보전한다니 이상한 문장이지만 무슨 뜻인지는 알겠다. 그런데 아무리 둘러봐도 어디

숲속 쉼터 여기저기에 평상이 놓여 있고 목재 선베드가 설치돼 있다.

가 고방터인지 알 수가 없다. 간판 뒤쪽으로 무성한 조릿대나무 숲이 있다. 커다란 단풍나무 옆으로 계단이 있고 철제 대문이 있다. 여긴가? 계단을 덮은 잡초와 나뭇잎 위로 몇 겹으로 쳐진 거미줄을 걷어내며 오른다. 기와집이 보인다. 들어가 보고 싶은데 마당을 뒤덮은 잡풀들과 조릿대를 헤치고 기와집까지 갈 엄두가 나지 않는다. 기둥이 붉은 걸로 보아 일반 집은 아닌 듯하다. 분명히 간판에는 특화 아이템으로 보전한다고 쓰여 있는데, 이렇게 방치된 채 폐허가 되어 있다니. 주변에 사람이 없어 물어볼 수도 없다.

금성산 생태숲을 가는 사람은 이 고방터 앞 두 갈래 길에서 오른쪽 길로 가는 게 좋다. 좁고 험하고 외진 길을 한참 동안 가야 생태숲에 이를 수 있으니 앞에 쓴 것처럼 내비를 믿고 계속 전진해야 한다. 내려 올 땐 올라갈 때와 반대 방향, 고방터 쪽으로 내려오는 게 좋다. 금성산 생태

금성산 생태숲을 가는 사람은 이 고방터 앞 두 갈래 길에서 오른쪽 길로 가는 게 좋다. 내려올 땐 올라갈 때와 반대 방향, 고방터 쪽으로 내려오는 게 좋다.

숲을 다녀온 사람들의 후기를 읽어보니 '별 힘들이지 않고 찾아갔다'고 말하는 이도 있지만 대체로 '가는 길이 험해서 힘들었다'는 의견이 많다. 멋지게 조성해놓은 생태숲을 한 번 가고 다시는 가고 싶지 않다는 사람이 생겨서야 되겠는가 싶다. 무엇보다 생태숲 가는 길을 차가 다니기 편하게 정비해야 한다. 다음으로 생태숲 일주도로를 일방통행으로 만들면 좋겠다. 고방터 앞에서 오른쪽 길로 올라가 왼쪽 길로 내려오게 하면 좁은 길에서 차를 맞닥뜨리는 일은 생기지 않을 것이다. 주말에 몰리는 많은 차를 수용하기엔 주차장이 너무 좁다. 떨어진 곳에 차를 세우고 조금 걷는 한이 있더라도 주차할 장소가 더 있으면 좋을 것 같다.

만드는 것 못지않게 중요한 것이 유지 관리와 운영이다. 금성산 생태숲. 충분히 매력적이다. 입에서 입으로 좋더라는 소문이 퍼지고 더 많은 사람들이 찾아오도록 해야 한다. 이용자의 입장에서 생각하는 습관과, 공급자 아닌 소비자 마인드를 장착해야 한다. 큰 그림도 중요하지만 작은 부분까지 신경쓰는 섬세함이 못지않게 중요하다. 악마는 디테일에 있다 The devil is in the details.

국립
나주숲체원

나주의 진산인 금성산. 호남의 8대 명산 중 하나다. 높이는 451미터. 예로부터 신령스러운 기운이 가득한 산으로 알려졌다. 지금도 무속인들이 기운을 받으러 찾아온다. 국립 나주숲체원은 원도심 한수제 저수지 위, 다보사 가는 길로 올라가다가 갈라지는 길에서 오른쪽으로 가야 한다. 금성산에서는 깊은 편에 속하는 골짜기에 자리하고 있다. '숲체원' 이란 '숲을 체험하는 넘버원'의 준말로 공모를 통해 정한 명칭이란다. 헐! 이런 정체 모를 이름을 공모씩이나 해서 정하다니. 그냥 '숲체험원' 또는 '숲체험장'이라고 하면 안 되나. '산림복지진흥에 관한 법률'에 근거하여 설립된 한국산림복지진흥원이 운영한다. 산림복지진흥원 산하에는 '숲체원'과 '치유의 숲'이 전국에 각각 일곱 군데 있고, 국립치유원과 국립하늘숲추모원이 별도로 있다. 국립나주숲체원은 2020년에 준공했다. 복권기금인 산림청 녹색자금 200억원을 투자해서 경현동 금성산 자락 58ha 부지에 건축면적 3218㎡, 지하 1층 지상 2층 규모로 조성했

국립 나주숲체원은 숲과 나무에 대해 체계적으로 배울 수 있는 곳으로, 각종 회의, 세미나, 전시회, 교류 장소 등으로 사용한다.

다. 숲과 나무에 대해 체계적으로 배울 수 있는 곳이다. 각종 회의, 세미나, 전시회, 교류 장소 등으로 사용한다. 다양한 휴양시설도 들어서 있다. 한 번에 숙박할 수 있는 인원이 최대 160명이란다. 잘 활용하면 지역에 적잖은 도움이 될 수 있겠다. 홈페이지에 들어가니 다양한 프로그램이 있다.*

다보사 가는 길과 갈라지는 두 갈래 길에서 오른쪽으로 접어드니 길을 막고 공사 중이다. 주차장으로 우회해 더 올라간다. 제법 세련되게 조성된 분위기의 건물들이 보인다. 게이트 안으로 진입하려는데 차단봉

---

* https://www.fowi.or.kr/user/contents/contentsView.do...#

국립 나주숲체원에는 다양한 휴양시설도 들어서 있고 한 번에 최대 160명까지 숙박할 수 있다.

이 꼼짝하지 않는다. 경비실 작은 창이 열리고 근무자가 얼굴을 내민다. 구경하러 왔다니 불가하단다. 코로나로 외부인 출입을 일절 금하고 있단다. 그래도 숲체원이 어떤 모습인지 살펴는 봐야지. 공군부대로 올라가는 길은 입구부터 막혀 있다. 적당히 차를 세우고 숲체원 철제 담장을 따라 걸어 올라간다. 나무들 사이로 마당과 건물들이 보인다. 똑같은 모양의 목재주택들이 나타난다. 숲속의 집이다. 숲 체험자들이 묵는 곳인 듯하다. 입구가 차단봉으로 막혀 있다. 부대 가는 길로 올라가다 내려오는 사람과 부딪힌다.

"저 위는 공군부대라 들어갈 수 없어요. 오른쪽으로 계속 가면 팔각정이 나옵니다. 나주시와 그 밖 더 멀리까지 볼 수 있습니다."

국토의 70%가 산으로 된 나라에서 숲체원을 만들고 치유의 숲을 만들어 국민들에게 숲과 나무를 가르치고 제대로 즐기고 이용할 수 있는 기회를 제공하는 것은 참으로 잘 하는 일이다.

　특히 나주에 이런 곳이 생겼다는 건 축복이다. 나주에 국립 숲체원이 있다는 사실을 더 널리 알려야 한다. 모처럼 좋은 게 생겼는데 몰라서 이용 못하는 경우가 많으니까. 그리고 나주 시민들이 다양한 교육을 받고 체험을 하고 즐길 수 있는 기회가 많아야 한다.

프랑스자수카페
'바실리에'

문을 열고 들어서자 왼쪽 벽장을 가득 채운 유럽풍 찻주전자들이 화려하게 맞이한다. 차통들도 있다. 오른쪽은 카페 주방이다. 카운터 앞에 위아래 잡다한 물건들이 놓인 재봉틀이 있다. 카페의 풍경으론 특이하다. 카페 안을 가득 채우고 있는 물건들. 찻주전자, 찻잔, 마네킹, 반진고리, 자수 작품들, 청색 그림이 그려진 접시들, 머그컵들, 수백 색깔의 실이 들어있는 벽장…. 아무런 정보 없이 찾아온 사람이라도 찻집이면서 자수공방임을 어렵지 않게 알 수 있겠다. 꽃집, 가구점, 서점을 겸하는 카페들은 자주 보지만 이런 카페는 처음이다. 모녀로 보이는 여성 둘. 잡지를 들여다보느라 여념이 없다. 카페 바실리에. 바늘과 실에 '묶다, 잇다'라는 뜻의 프랑스어 리에lier를 연결한 말이란다. 기발하다. 눈썰미가 좋은 사람은 간판의 로고가 평범치 않다는 걸 눈치 챌 것이다. 길게 늘인 '리' 字가 바늘귀를 꿴 실 모양이다.

나주 원도심에 프랑스 자수 카페가 있다니 뜻밖이다. 어떻게 나주에

프랑스자수 카페 바실리에 문을 열고 들어서자 왼쪽 벽장을 가득 채운 유럽풍 찻주전자들이 화려하게 맞이한다. 오른쪽은 카페 주방인데 카운터 앞에 위아래 잡다한 물건들이 놓인 재봉틀이 있다.

서, 그것도 원도심에서 이런 카페를 하게 됐을까. 카페 바실리에 박연신 대표의 이력이 궁금했다.

"25년 전, 대학 4학년 때 광주시내의 어느 퀼트가게에 전시된 작품들을 보고 반했어요. 용돈을 다 털어서 등록을 하고 배우기 시작했습니다. 재료비를 감당할 수 없어서 초급을 마치고 중단했어요."

대학 졸업 후엔 시민운동을 했다. 광주환경운동연합에서 5년을 일했다. 중단했던 자수를 다시 시작한 건 결혼을 하고나서였다. 건축을 공부하러 프랑스로 떠나는 남편을 따라 낭시로 갔다. 그래서 박 대표의 블로그 운영자 이름이 낭시댁이다. 낭시에서 1년, 그르노블에서 7년, 도합 8년 동안 프랑스에서 살았다. 낭시에 도착하자마자 퀼트숍을 찾아갔지만 퀼트숍은 물건을 파는 곳이지 가르치는 곳이 아니었다. 동네 주민센터에 자수 프로그램이 있었다. 원데이 클래스에서 프랑스 자수의 기초를 배웠다. 프랑스 생활은 고생스러웠다. 태어난 지 아홉 달밖에 안 된 둘째 아이를 잃었다. 집안에서 난 사고 때문이었다. 운명이라기엔 너무도 가혹한 시련이었다. 마음을 돌려세우지 않았다면 삶이 무너졌을 지도 모른다. 아이의 사고가 누구 탓도 아니잖은가. 서로 탓하지 말자. 함께 자수를 하던 프랑스 친구들의 위로도 큰 힘이 되었다. 잠시 과거를 회상하는 박 작가의 눈에서 금방이라도 눈물이 쏟아질 것 같다.

프랑스 생활을 끝내고 귀국한 후 동신대 지역개발연구소에서 연구원으로 근무했다. 연구원이 나주 목사골시장을 문화관광형 시장으로 육성하는 프로젝트를 수행하게 되자 책임을 맡아 일했다. 3년 간 진행된 목사골시장 프로젝트 기간은 박연신이 나주와 나주사람들을 이해하는 소중한 시간이었다.

"상인들이 무서웠어요. 무조건 삐딱한 시선으로 보고 억지를 부리는 통에 처음엔 정말 힘들었습니다. 끊임없이 부딪히고 대화하면서 서서히 신뢰가 형성되자 상인들이 달라지기 시작했어요. 지금도 가끔 시장엘 가면 박 팀장 오랜 만이다, 잘 지내느냐, 반갑게 인사합니다."

누구는 더 나은 기회를 찾아, 누구는 가난을 벗어나려 나주를 떠나지만 어떤 이유든 나주를 떠나 본 적이 없이 나주를 지키며 살아온 사람들의 단순하지 않은 심리를 이해하게 되자 입장을 바꿔 생각할 수 있게 되었다. 사람들의 삶에 대한 이해도 깊어졌다. 그녀는 강진 옴천면에서 태어나 여섯 살 때 나주로 왔다. 아버지가 원도심에서 한약방을 운영해서 한약방집 딸로 불렸다. 나주에서 중학교를 나와 광주에 있는 고등학교를 다녔고 대학은 다시 나주에서 다녔다. 혁신도시가 들어서고 많은 외

박연신 작가는 쪽염색을 한 천에 프랑스 자수를 놓은 작품을 많이 시도하고 있다.

지인들이 들어왔다. 외지인들이 '왜 이렇게 나주는 답답한가'. '나주사
람들은 왜 이렇게 마음이 닫혀 있는가' 등등의 불만을 쏟아내는 걸 보며
많은 것을 생각했다.

　"서울에서 최상의 서비스를 누리던 사람들이 나주에서 똑같은 서비스
를 요구하는 건 무리라고 생각해요. 나주에는 오랫동안 유지돼왔던 나
주만의 문화와 방식이 있잖아요. 혁신도시가 들어서면서 모처럼 발전의
기회를 잡았지만, 오랜 사고와 행동양식이 하루아침에 바뀔 수는 없지
않겠어요. 시간이 필요해요. 그래도 처음에 비하면 많이 달라졌어요. 혁
신도시의 영향을 받은 것이지요."

　원주민들과 신도시 주민들 사이의 교류와 상호이해를 위한 노력이 절
실하다고 느꼈다.

　"초창기엔 바실리에도 그런 역할을 했는데 코로나 사태가 터진 후 힘

들어졌어요."

드물지만 혁신도시 사람들 중에 무작정 나주를 무시하려 드는 사람들이 있다고 들었다. 하지만 이유야 어떻든 기왕 나주에 내려온 김에 지역을 이해하고 지역사람들과 교류하고 싶어 하는 사람들이 훨씬 많을 것이다. 대부분 공기업에 근무하거나 관련 회사들에서 일하는 사람들이니 그 정도 수준은 될 것이다. 중요한 건 그런 사람들에게 나주를 체험할수 있는 기회를 많이 만들어주는 것이다.

"혁신도시에 사는 직장인들, 출퇴근 시간이 거의 안 걸리니까 여유가있어요. 서울에 비하면 적지만 문화를 즐길 기회가 있으면 열심인 것 같아요. 나주반전수교육관에서 운영하는 체험 프로그램에 혁신도시 사람들이 엄청 많이 신청합니다."

목사골시장 프로젝트가 완료된 후 그녀는 나주시 도시재생지원센터에서 초창기 1년 정도 일하다가 사무국장을 끝으로 그만두었다. 1년의고민 끝에 프랑스 자수카페 바실리에를 시작했다. 2016년 11월에 오픈했으니 조금 있으면 만 5년이다.

전통 자수와 프랑스 자수의 차이는 무엇일까?

"기법은 같은데 이름이 다른 경우가 많고요, 사용하는 실과 기법이 다른 게 조금 있습니다. 바느질하는 실은 프랑스에서는 주로 면사를 쓰지만 우리는 견사를 씁니다. 견사는 오래가지만 비싸잖아요. 기법 상 가장큰 차이는 우리는 주로 평면자수로, 색을 도드라지게 하면서 면을 채워가는 방식인 반면에 프랑스 자수는 입체적이라고 할까요. 테크닉이 매우 다양합니다."

박 대표가 작품을 직접 보여주며 설명한다. 어릴 적 흔히 보던 베개,

이불, 병풍 같은 데 놓은 자수와는 확실히 다르다. 올을 풀어 감아 구멍을 열고, 두껍게 감아 볼륨감을 주고… 한국 자수가 2D라면 프랑스 자수는 3D 느낌이다. 박 대표가 사용하는 노트의 커버가 눈길을 끈다. 직접 만든 것이란다. 보면 탐낼 사람들이 있을 것 같다. 카페 안에 걸린 작품들도 많다. 가격은 얼마쯤 될까?

"재료비보다 시간과 노력이 굉장히 많이 들어가잖아요. 값을 책정하기 쉽지 않아요. 가치를 제대로 인정해주지 않는 사람에게 팔고 싶지는 않아요. 그런데, 또 구매자 입장에서 보면 비싼 돈을 주고 사는 게 쉽진 않지요. 그래서 작품 대신 자수 패키지를 팝니다. 마음에 드는 작품을 그대로 따라 만들 수 있도록 천, 실, 바늘, 설명문 등을 세트로 포장한 겁니다. 수십만원 주고 작품을 사긴 어렵지만 사오만원 주고 용품 세트를 사는 건 부담이 덜하잖아요."

패키지를 산들 한 번도 해보지 않은 사람이 설명문을 보고 따라할 수 있을까.

"그래서 주로 프랑스 자수를 배운 사람들한테 팝니다. 지금까지 저한테 배운 사람이 전국에 한 삼백 명 정도 됩니다. 나주에도 열 명 정도 있어요."

코로나 사태가 터지기 전까지 박연신 대표는 프랑스 자수를 가르치려 전국을 누볐다. 다섯 명 이상만 되면 교통비 빼고 그럭저럭 할만 했다. 코로나 이후론 힘들어졌다. 외지에서 나주까지 불원천리 찾아와 배우려는 사람들도 있지만 소수다. 배우는 사람이나 가르치는 사람이나 여러 날 시간을 내기 어려우니 하루에 일곱 시간, 한 번의 집중 교육으로 끝낸다. 요즘엔 전시회에 작품을 내는 데 치중하고 있다. 얼마 전 제주도에서 열린 전시회에 참가했고, 10월 1일부터 10일까지 성수동 갤러리 오매에서 열리는 전시회에 작품을 냈다. 화려한 나무라는 뜻의 화목華木. 자작나무 줄기는 프랑스 자수기법 주흐모던Jour Moderne 으로 표현하고 나뭇 잎사귀들은 자개조각들을 썼다.

"다양한 소재들을 결합해서 작품을 만들고 있어요. 다채로운 표현이 가능하거든요."

화목은 자작나무 한 그루에서 다섯 그루까지를 표현한 브로치 다섯 개로 된 작품이다. 보는 것도 좋지만 어울리는 옷에 달면 예쁠 것 같다. 그녀는 쪽염색을 한 천에 프랑스 자수를 놓은 작품을 많이 시도하고 있다. 나주는 원래 쪽의 본고장이다. 큰 비만 오면 범람하기 일쑤인 영산강 일대에 쪽을 많이 심었다. 홍수로 곡식이 피해를 입더라도 물에 강한 쪽은 돈으로 바꿀 수 있는 환금성 작물이었기 때문이다. 문평면의 쪽빛 명하마을에는 대를 이어 쪽염색을 하고 있는 집이 있고, 다시면에는 염색장 정관채 전수교육관과 한국천연염색박물관이 있다. 그녀도 정관채 염색장에게서 쪽염색을 배웠다. 쪽 염색을 한 천에 자수를 놓은 전등 가리개가 우아하다. 쪽염색을 한 천으로 꽃송이들을 만들고 자수한 실로 이어 발을 만들었다. 정관채 전수교육관에서 열린 전시회에 출품했던 작품이다. 이런 작품을 만들려면 긴 시간이 필요할 것 같다.

"발은 한 서너 달 걸렸을까요. 염색하고 말리고 하느라고 시간이 많이 걸렸어요. 한 번 쪽으로 염색하고 말려서 바로 쓸 수 있는 게 아니어요. 잿물을 빼야 해요. 다른 프랑스 자수 작품도 대작을 만들려면 한 달 이상 걸립니다."

자수 작품들로 돈 벌기는 쉬운 일이 아닐 터인데 카페 운영이 도움이

낙후한 원도심을 떠나 혁신도시로 이사한 사람들이 많아지면서 원도심의 공동화는 더욱 심해졌다. 원도심에서
자수카페를 운영하는 것도 녹록치 않은 일이다.

될까.

"카페도 세를 내고 한다면 힘들겠지요. 인건비도 안 나와요. 다행히 여기가 부모님 건물이라 부담이 없습니다. 5년 전, 비어 있던 가게를 부모님한테 빌렸어요. 삼층도 비어 있는지가 거의 한 십년쯤 됐을 겁니다."

혁신도시 이후 원도심의 공동화는 더욱 심해졌다. 낙후한 원도심을 떠나 혁신도시로 이사한 사람들이 많기 때문이다. 원도심에서 자수카페를 운영하는 것이 녹록치 않은 이유다.

"프랑스 자수를 가르쳐서 돈을 번다는 게 쉬운 일이 아닌 것이, 지자체에서 실시하는 무료교육 프로그램이 워낙 많다보니까 사람들이 돈을 내고 뭔가를 배운다는 의식이 거의 없어요. 나주에서 공예가로 밥 먹고 산다는 건 정말 힘들어요."

캘리그래퍼 문경숙 선생한테도 비슷한 얘기를 들었다.

박연신 작가는 SNS 활동을 열심히 한다. 네이버 블로그, 카카오스토리, 인스타그램, 페이스북 등. 블로그는 프랑스에서 살 때 시작했으니 제법 오래 되었다. 그녀는 나주 밖 사람들에게 나주를 알리고 나주를 찾아오게 하는 데 기여하고 싶다. 건축가인 남편이 그린 나주의 그림들로 접시와 컵을 만든 것도 그런 까닭에서다. 그림 솜씨가 예사롭지 않다. 하지만 의욕에 비해 성과는 실망스럽다. 처음 제작할 때는 목돈이 들어갔는데 판매를 해서 들어오는 돈은 푼돈이다 보니 몇 년이 지나도 투자금을 회수하지 못하고 있다.

"문화상품을 통해 나주를 알리는 게 가치 있는 일이라고 생각하지만 과연 계속해야 하나 하는 회의가 들어요. 개인이 하기엔 한계가 있는 것 같아요."

프랑스 자수 카페 바실리에. 나주 원도심에 이런 곳이 있는 줄 아는 사람이 많지 않을 것 같다. 자수에 관심 있는 사람이라면 말할 것도 없지만, 그렇지 않은 사람도 구경할 만하다. 언제나 선한 얼굴로 편하게 사람을 대하는 박연신 대표가 친절하게 맞아줄 것이다.

육십 년 된 참기름떡집의
신희희 할머니

후배가 카톡을 보냈다.

"남평 시장 안에 있는 방앗간인데, 스물여섯 살 때부터 기름을 짜서 못짜는 기름이 없대요."

첨부한 사진에 찍힌 할머니 모습에 마음이 끌렸다. 후배는 할머니가 신랑과 기름집을 하게 된 사연을 덧붙였다. 흥미가 일었다. 드들강변의 코스모스바다도 한 번 더 볼 겸 남평으로 차를 몬다. 남평장 주차장에 차를 세운다. 문을 연 가게들이 드물다. 가게 밖 평상에 앉아 있는 아주머니에게 묻는다.

"여기 오래된 떡집이 있다는데 혹시 어딘지 아셔요?"

"요기로 쭈욱 가다가 보믄 양은 그릇 가게가 나올 것이여. 거그서 쪼금만 더 가믄 있을 것이구만이라. 떡 맛있게 잘해줄 것이여."

오래된 방앗간 간판의 글씨가 흐릿하다. 자세히 보니 '우리참기름떡집'이라고 쓰여 있다. '우리' 두 글자는 거의 보이지 않는다. 고추를 빻

남평의 육십 년 된 우리참기름떡집. 여느 방앗간에서 볼 수 있는 흔한 풍경이 펼쳐진다.

고 있는 나이 든 남자와 지켜보는 덜 나이 든 여성 손님 둘. 고추 포대를 들고 오는 부부. 참깨를 볶고 있는 할머니와 의자에 앉아 기다리는 아주머니. 여느 방앗간에서 볼 수 있는 흔한 풍경이다.

할머니의 노동이 잠시 중단된 틈을 타 인사한다. 이러저러한 이유로 이야기를 듣고 가게를 소개하고 싶어 찾아왔습니다. '오매, 별 것도 아닌 다 늙은 사람 이야기는 들어서 어따 쓴다요' 말은 그렇게 하면서도 싫지 않은 기색이다.

"올해 연세가 어떻게 되셔요?"

"여든넷이나 돼얐소. 많이 묵었지라."

"그렇게 안 보이시는데요. 아직도 고우셔요."

"아이고, 뭔 말씀이랑가요."

신희희 할머니. 여든넷이라는데 정말로 곱게 늙으셨다.

"이름이 원래 희희신가요?"

"그것이 잘못돼았다 안 하요. 환갑 때 태국 여행 간다고 여권을 만드는디 내 이름이 희희라고 돼야 있다고 합디다. 우리 언니는 선희, 나는 영희, 동생은 정희인디 머시 잘못된 것이제. 귀찮아서 냅둬부렀소."

무안 일로가 고향인 신희희 할머니는 열아홉살 때 남평으로 시집 왔다. 남편은 대대로 크게 농사를 지은 부잣집 아들이었다. 광주에서 서중과 일고를 나왔다. 공부도 꽤나 잘했을 것이다.

"아믄, 잘했지요. 남평초등학교 옆이 집이었어라우."

남편 얘기를 하는 얼굴이 환하다. 의자에 앉아 참기름을 기다리는 여성이 끼어든다.

"내가 올해 일흔다섯인디, 남평서 ○○씨 하믄 모르는 사람이 없었당께요. 멋있었지라. 요즘 말로 하믄 좀 놀았다고 하까."

"우리 남편, 운동도 잘했어. 축구도 잘하고 배구도 잘했어. 조기축구회 회장도 하고 그랬당께."

"저 분이신가요?"

고춧가루를 빻고 있는 나이 든 남자를 가리키며 물었다.

"아니여. 쩌그는 외조카. 내가 외숙모여요."

아이고, 큰 실수를 했다. 할머니는 십이 년 전 남편과 사별했다. 술은 별로 안 마셨는데 담배를 좋아했단다.

"고혈압에다 고지혈증에다 이것저것 앓고 계셨는디, 어느 날 갑자기 돌아가셨어. 심장마비라고 하대. 일흔다섯이었는디."

"좀 일찍 돌아가셨네요."

무안 일로가 고향인 신희희 할머니는 열아홉에 남평으로 시집와서 스물네 살 때부터 방앗간을 했다.

부잣집 아들에다 지역에서 알아주는 일류 학교를 졸업한 서방님한테
시집온 아내가 어쩌다 힘든 떡방앗간 일을 하게 됐을까.

"시아버지가 줄줄이 딸을 넷이나 낳다가 다섯 번째로 아들을 얻었어
요. 군대 갈 나이가 됐는데 안 보낼라고 했고 신랑도 안 갈라고 해서. 어
디 취직도 안 되고 그랑께 방앗간을 시작했지라. 열아홉에 시집와서 스
물네 살 때부터 방앗간을 했응께 인자 육십년이 돼았구만요. 그동안 이
집을 세 번 고쳤어요. 첨에는 함석지붕, 다음에는 기와지붕, 그 담에 시
장 새로 깨끗이 지을 때 지금 같이."

신희희 할머니는 슬하에 딸 넷 아들 하나를 두었다. 둘째 딸은 엄마보
다 먼저 세상을 떠났다. 아파해도 소용없으니 생각하지 않으려 한다. 나

머지 자식들은 모두 광주에서 산다. 여든넷, 그만 쉬어도 될 터인데 힘든 일을 계속하는 이유가 있을까.

"우리 집 양반 돌아가시고 난 뒤 외조카가 일해주고 있고 해서 별로 힘 안 들어요. 옛날에는 수동으로 짰는디 요즘엔 기계가 다 해주니께. 농사를 지으믄 딱 한 철만 돈이 들어오지만 여그는 문만 열어놓으면 계속 손님들이 들락날락 하잖아요. 끊이지 않고 잔돈이 나오니까 재밌어요."

돈도 돈이지만 몸을 움직이니 건강에도 좋다.

"기름을 많이 먹는 게 그렇게 몸에 좋다고 합디다."

"그래서 그러고 곱구만이라."

옆에 앉은 아주머니가 맞장구를 친다. 육십 년 경력이니 할머니는 완전 기름 짜는 전문가다. 못 짜는 기름이 없지만 주로 들기름과 참기름을 짠다. 참깨를 볶아 압착기에 부어 짜내는 기름 냄새가 고소하다.

"참깨는 국산인가요?"

"국산도 있고 중국산도 있고. 국산과 중국산을 섞어서 짜기도 하고 그래요. 국산 한 되가 중국산 석 되 값이어요. 중국산도 잘 짜면 맛있어요."

손님들이 들고 오는 깨를 돈을 받고 짜주고, 가게에서 짜놓은 기름을 팔기도 한다. 깨 한 되 짜주고 받는 돈은 4천원이다. 짜놓은 기름의 판매가는 참기름이 소줏병 하나에 8천원, 들기름은 만4천원이다. 들기름이 훨씬 비싸다. 참깨는 수입산이고 들기름은 국산이라서 그런단다. 참기름 페트병 하나는 3만 4천원. 김밥집에서 사간다. 고소한 냄새에 침이 고인다. 갑자기 비빔밥이 먹고 싶어진다. 진한 참기름 몇 방울 떨어뜨려

비비면 고소할 것이다. 한 병 사고 싶은데 신용카드를 쓸 수 없다. 할머니가 '내가 그냥 한 병 드릴게' 한다. '아이고 무슨 말씀을요.'

옆에 앉은 아주머니가 거든다.

"시골 인심잉께, 그냥 받지 그라시오."

"고마운 말씀이지만 그럴 수 없지요. 다음에 현금 갖고 와서 사갈게요."

정중하게 사양한다. 남평에 기름집이 몇 군데나 있을까.

"세 군데 있어라. 젊은 사람이 하는 데는 배달도 해주고 그래요."

"그런 서비스를 하는 젊은 사람들하고 경쟁하기 어렵지 않으세요?"

"우리 집은 옛날부터 오던 손님들이 주로 와요. 하도 오래 해서."

여든넷, 그만 쉬어도 될 터인데 신희희 할머니는 "옛날에는 수동으로 짰는데 요즘엔 기계가 다 해주니" 괜찮다고 한다. 그러면서 "기름을 많이 먹는 게 그렇게 몸에 좋다고 한다"라며 기름 예찬을 시작한다.

기름을 기다리는 아주머니가 끼어든다.

"좁은 지역이라 안면 바꾸기가 쉽지 않아요. 단골로 다니던 데로 계속 가게 돼요."

할머니가 자부심이 깃든 표정으로 말한다.

"나는 남평장 터줏대감이여. 나 때문에 남평장이 된다고 말하는 사람들도 있당께."

나주 남평장. 옛날에는 커다란 우시장도 있었고 하루에 3천 가마의 쌀이 거래되던 싸전도 있었다. 남평장에서 육십 년을 한결같이 떡을 하고 기름을 짜온 신희희 할머니. 여든넷 연세에도 여전히 곱고 환한 얼굴로 손님을 맞는다. 떡은 주문이 있을 때, 인절미와 가래떡만 한다. 힘에 부쳐서다. 할머니의 우리참기름떡집은 언제나 열려 있지만 남평 오일장은 오일 간격으로 선다. 1자와 6자가 붙은 날이 장날이다. 빛가람동에서 십 분, 광주에서 이십 분이다.

호남의 3대 명촌
노안면 금안마을

나주시 노안면 금안마을. 영암의 구림, 정읍의 태인과 함께 호남의 3대 명촌으로 훌륭한 인물이 많이 배출된 마을이다. 금안마을이 낳은 인물 가운데 신숙주 선생이 우뚝하다. 그는 여러 분야에 뛰어난 재능을 가진 천재였다. 정치인, 관료, 학자, 외교관이었다. 당대의 거의 모든 외교 문서는 신숙주의 검토를 거쳤다. 병법에도 뛰어나 외적을 토벌하는 데 큰 공을 세웠다. 세종의 명을 받아 성삼문, 박팽년 등 집현전 학자들과 함께 한글을 창제한 위대한 업적을 남겼다. 신숙주는 왜어, 중국어, 여진어, 몽골어, 류큐어에 능통해서 통역 없이 대화했다. 요동에서 유배생활을 하던 명나라 한림학자 황진과 교류하며 언어학을 공부했고, 조선에 사신으로 온 명나라 관리와 토론하며 음운과 어휘를 연구했다. 훈민정음 해설서인 훈민정음해례본을 편찬했다. 요직을 두루 거치고 영의정을 두 번이나 했을 정도로 화려한 관록을 자랑하지만 단종 폐위와 사사에 반대하지 않고 수양대군(세조)을 도왔다는 이유로 변절자라는 비난을 받기도 한다. 하지만 조선 초기, 강력한 왕권의 확립을 위해서 수양대군 같은 임금이 필요하다고 생각한 신숙주의 선택을 변절이나 배신이라는 단어로 간단히 규정하는 건 지나치게 순진하다. 신숙주에 관한 자료는 검색하면 얼마든지 있으므로 생략한다.

금안마을에 사당이 있는 정지 장군은 고려 말 왜구 퇴치에 혁혁한 공을 세웠다. 최영의 홍산대첩, 나세의 진포대첩, 이성계의 황산대첩과 더불어 고려 말 4대 대첩으로 일컬어지는 관음포대첩을 지휘했다. 경상도에 침입한 왜구들이 타고 온 배 17척을 불태우고 2천 명을 죽였다. 2017년, 214급(1800톤급) 잠수함 중 세계 최초로 무사고 항해 10만 마일을 달성한 우리 해군의 정지함은 정지 장군의 이름을 딴 것이다. 나주 출신 장군의 이름을 딴 잠수함이 또 있다. 해군 3함대 소속 209급(1200톤) 나대용함이다. 나대용 장군은 조선 시대 최고의 선박기술자로 거북선을 만들었고, 임진왜란에서 이순신 장군을 도와 왜 수군을 무찔렀다. 나주

나주 금안마을에 있는 경열사는 고려말 왜구를 소탕한 우리 역사 최초의 수군제독 정지장군의 공적을 기리는 사당이다.

문평에 나대용 장군을 기리는 사당인 소충사가 있다.

　나주는 우리 역사에 빛나는 업적을 남긴 위인들을 많이 배출했다. 신숙주 선생은 금안동 출신이고 정지 장군은 문평 출신이다. 금안마을을 금안한글마을이라 칭하는 것은 훈민정음 창제의 일등 공신인 신숙주 선생이 태어난 곳이기 때문이다. 마을로 들어가는 길 입구에 비석이 여럿 있다. 금안마을과 금안한글마을 비석이 각각 하나씩이고, 금안행복마을·금성산생태관·금안행복문화센터·신숙주 생가·쌍계정을 한꺼번에 표시한 비석이 하나다. 마을 입구. 확 트인 너른 공간에 큰 기와집 두 채가 서 있다. 기와집 앞 너른 마당 귀퉁이에 '호남 3대 명촌 금안마을'이라고 새겨진 비석이 있다. 2011년 11월부터 2018년 7월까지 진행한 금안 권역단위 종합정비사업이 끝난 것을 기념해서 세운 듯하다. 옆에 서 있는 거대한 검은 비석. 모두 다섯 개로 나뉘어 있다. 영의정을 두 번 지낸 보한재 신숙주 선생의 집안 내력과 생애를 요약한 비석, 서흥 김씨, 하동 정씨, 풍산 홍씨, 나주 정씨의 내력을 적은 비석들이다. 금안마을을 대표하는 사四성씨. 쟁쟁한 집안들답게 금안마을에 많은 문화유산을 남겼다. 경현서원·영수각·만향정·어서각 등은 서흥 김씨, 척서당·경렬사·호사재는 하동 정씨, 월정서원·영사재·서륜당·석류문은 풍산 홍씨, 설재서원·쌍계정·오산사·세덕사·월천사유허비·귀래정·창주정·수우시정 등은 나주 정씨가 남긴 문화유산이다. 커다란 기와집 두 채는 각각 금안관과 명촌관이다. 금안관에서는 체험카페를 운영하고 명촌관에는 '신숙주작은도서관'이 있는데 모두 잠겨 있다. 지긋지긋한 코로나는 도대체 언제쯤 물러가려는지.

　경렬사景烈祠. 정지 장군을 기리는 사당이다. 고려 말, 왜구를 소탕한

호남 3대 명촌 금안마을이라고 새겨진 비석 옆에는 거대한 검은 비석이 서 있다. 영의정을 두 번 지낸 보한재 신숙주 선생의 집안 내력과 생애를 요약한 비석과 금안마을을 대표하는 사(四)성씨인 서흥 김씨, 하동 정씨, 풍산 홍씨, 나주 정씨의 내력을 적은 비석들이다.

장군의 공적을 기리기 위해 충청 경상 전라 삼도 사람들이 뜻을 모아 광주에 경열사를 세웠으나 우여곡절의 역사 속에서 경열사는 없어졌다가 다시 세워졌다. 광주 망월동에 있는 경열사는 정지 장군과 함께 여덟 명의 무인들을 모시고 있고, 나주 금안마을에 있는 경열사는 정지 장군의 사당이다. 우리 역사 최초의 수군제독. 정지 장군이 확립한 수군의 전통은 임진왜란의 영웅 나대용 장군, 이순신 장군에게로 이어졌다. 길가에 놓인 컨테이너. 뒷면의 넓이만큼 큰 사이즈로 금안팔경이 그려진 그림이 있다. 금안동의 여덟 가지 아름다운 풍경이다. 흥미로운 것은 산모퉁이 주막을 떠나가는 나그네山店行人와 다보사로 돌아가는 스님寶寺歸僧의 모습이 들어있다는 점이다. 다른 지역에도 팔경이니 십경이니 있을텐데, 이런 경우가 있는지 모르겠다. 금안마을 사람들의 시심이 특별해서가 아닐까 생각한다.

서륜당敍倫堂 백 년 전 풍산 홍씨 문중이 지은 제각이다. 한 눈에 봐도 오래된 느낌이 드는 너른 마당을 가진 기와집이다. 풍산 홍씨 문중 모임이 열리고, 해마다 정월 초하루 이튿날이면 합동으로 어르신들께 세배를 드리는 곳이란다. 향약鄕約. 여러 성씨가 서로 화목하게 지내고, 예의를 지키고, 어려울 때 돕고, 좋은 일은 서로 권하고 좋지 않은 일은 서로 깨우쳐 고치자는 마을의 약속이다. 금안마을은 400년이 넘는 세월 동안 대동계를 보존해왔다. 명촌은 하루아침에 탄생하는 것이 아님을 새삼 느낀다.

쌍계정雙溪亭 앞뒤로 시냇물이 흐른다고 붙은 이름이다. 삼현당三賢堂이라고도 한다. 문정공 정가신, 문숙공 김주정, 문현공 윤보를 기리는 이름이다. 1280년 고려 충열왕 때 나주 정씨의 선조인 설재 정가신이 지었단다. 현판 글씨는 한석봉이 썼다고 전한다. 조선시대 대학자인 신숙주, 신말주, 기건, 홍천경 등이 모여 학문을 연마하고 시회(서모임)를 열었다. 쌍계정의 시회는 나주의 대표적인 시단이었다. 쌍계정은 또 대동계를 열고 향약을 시행하는 곳이다.

정자 마루에 벌렁 드러눕는다. 글이 새겨진 액자들이 높게 빙 둘러 걸려 있다. 눈을 감는다. 선비들이 모여 앉아 시를 쓰고 읊고 평하고 학문을 논하는 광경이 스친다. 와자지껄 웃고 떠드는 소리가 들린다. 쌍계정은 금안마을 4대 성씨인 서흥 김씨, 나주 정씨, 하동 정씨, 풍산 홍씨 문중이 공동으로 관리한다. 정자 안 높이 걸린 현판에 사성강당四姓講堂이

앞뒤로 시냇물이 흐른다고 쌍계정이라는 이름이 붙은 정자 앞에 수령 4백년이 넘은 푸조나무가 큰 그늘을 드리우고 있다.

라고 쓰여 있다.

금안마을에는 3대 서원이 있다. 16세기부터 17세기에 걸쳐 창건된 경현서원, 월정서원, 설재서원이다. 원래 월정서원은 월정봉 아래, 경현서원은 경현동에 있었다. 모두 대원군의 서원 철폐령으로 헐렸다가 20세기 들어 금안마을에 다시 지어졌다. 어느 집에 '문충공 보한재 신숙주 선생 생가'라고 적힌 간판이 걸려 있다. 이 집인가 했더니, 아니다. 짧은 막다른 골목 끝에 있는 집이다. 들어가는 길바닥에 잡풀이 무성하다. 대문 앞. 둥근 레이더 안테나를 닮은 비석이 서 있다. 신숙주 선생의 간단한 약력이 새겨져 있다. 철제 대문은 굳게 잠겨 있다. 비석의 받침대에 올라 들여다본다. 집은 그냥 흔한 시골집이다. 지붕에는 인조 기와가 얹혀 있다. 벽에 선생의 초상화, 자료들, 가계도가 붙어 있다. 마당을 덮은

금안관 앞 도로. 금안과과 도로를 가르는 흙담이 끝 면이 특이하다. 담장에 얹힌 기와를 머리로, 돌과 흙을 눈 코 입으로 삼아 얼굴 모양으로 그려놓았다. 익살스러운 표정이 재밌다.

풀은 잔디로는 보이지 않는다. 신숙주 선생 생가라는 집은 당연히 원래의 생가가 아닐 터이니 신숙주 선생 생가 터가 더 맞는 표현 아닌가 생각한다. 집이 있으니 터라고 하면 또 이상한가. 모르겠다. 한글창제의 주역인 선생의 업적을 기려 금안마을은 금안한글마을이 되었다. 한글 냄새가 물씬 나게 꾸며도 좋을 것 같은데 한글을 테마로 한 마을 같다는 느낌이 없다. 신숙주 선생 생가라는 곳은 초라하다. 관리 상태가 좋다고 하기 어렵다.

　나주 노안면老安面. 늙어서 편안한 고장이라는 뜻이다. 원래는 금안면이었는데 일제 강점기 초기 행정구역 통폐합으로 금안면, 이로면, 복룡

면이 합쳐져 이름이 바뀌었다. 금안동金鞍洞. 원래는 '숲이 우거진 날짐 승의 낙원'이라는 뜻의 금안동禽安洞이었으나 '황금 안장'을 뜻하는 금 안동金鞍洞으로 바뀌었다. 고려 말 금안동 출신 설재 정가신 선생은 원 나라에 사신으로 파견돼 큰 공을 세웠다. 원나라 황제가 하사한 옥대를 두르고 황금 안장을 얹은 백마를 타고 돌아왔다. 이후 새들의 낙원이었 던 동네는 황금안장마을이 되었다. 금성산 자락을 배경으로 앞으로 너 른 들과 저 멀리 무등산을 바라보는 곳에 자리한 금안마을. 우리 역사에 서 크게 활약한 걸출한 인재들을 배출하고 긴 세월 한결같이 전통을 지 키며 살아온 곳이다.

백호문학관

백호白湖 임제林悌를 보러 가는 길은 상쾌했다. 조선 최고의 로맨티스트 풍류가객 기남아奇男兒. 동서로 갈려 밥그릇싸움으로 날을 지새는 정치에 염증을 느껴 관직을 마다하고 산천을 주유했다. 수많은 시를 쓰고 소설을 짓고 글을 남겼다. 서른아홉에 세상을 뜨면서 자식들에게 남긴 유언 물곡사勿哭辭조차 과연 백호다웠다.

백호 임제

"곡을 하지 말아라!"

스스로 황제를 칭하지도 못하는 나라에 살다 가는 인생, 분하고 쪽팔릴지언정 뭐 슬퍼할 게 있다고 소리를 내어 우느냐는 것이었다.

푸른 풀 우거진 골짜기에 자는가 누웠는가
바알간 얼굴 어디 두고 흰 뼈만 묻혔는가
잔 잡아 권할 이 없으니 그것을 슬퍼한다네.

　1583년. 서북도 병마평사를 제수 받아 부임해 가는 길에 개성의 한 골
짜기에서 마주친 황진이의 무덤 앞에 술을 올리고 시를 읊었다. 시인으
로, 지식인으로, 당대의 쟁쟁한 상남자들을 맞상대한 여인에 대한 존중
의 마음이었다. 훗날 사대부의 신분으로 천한 기생에게 잔을 올려 신분
질서를 어지럽히고 예를 더럽혔다며 공격하는 자들이 있어 파직의 한
사유가 되었지만 백호는 아랑곳하지 않았다. 백호에겐 신분보다 사람이
먼저였다.

영산포에서 무안까지 가는 영산강변 도로를 따라 십여분 남짓 달리다 우측 회진마을로 꺾어 들어가면 현대식
2층 건물의 백호문학관이 보인다.

백호문학관

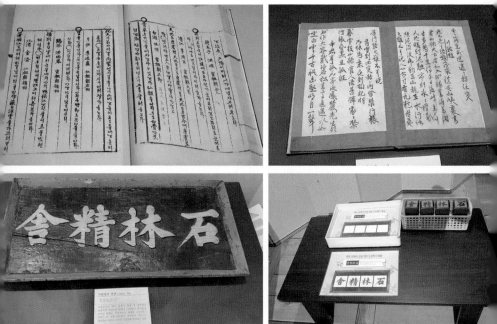

문학관에서는 백호가 남긴 다양한 문헌과 글을 만날 수 있고 백호가 쓴 석림정사 현판(왼쪽 아래)의 글자들을 종이에 도장으로 찍어볼 수도 있다.(오른쪽 아래)

　　백호문학관이 나주시 다시면 회진리에 있다. 영산포에서 무안까지 가는 영산강변 도로를 따라 십여 분 남짓 달리다 우측 회진마을로 꺾어 들어가면 바로 보인다. 현대식 2층 건물 안에 백호가 남긴 다양한 문헌과 글이 보관돼 있다. 스크린을 터치하면 백호의 글이 애니메이션으로 나오는 장치도 있다. 만 서른여덟 해의 짧은 생애였지만 백호는 찬란한 문학적 성취를 남겼고 끼리끼리 패를 지어 이전투구를 벌이는 사람들에게 깨우침의 죽비를 내리쳤다. 문학관에서는 백호가 썼다는 현판 석림정사의 글자들을 종이에 도장으로 찍어볼 수 있고, 과거급제자가 쓰는 꽃 달린 모자를 쓰고 사진을 찍을 수도 있다. 아쉬운 것은 도장 찍어 가져갈 수 있는 체험용 종이와 석림정사라는 글귀였다. 바탕에 잡다하게 많은 글씨가 쓰인 색깔 있는 종이보다, 작은 글씨로 백호기념관과 주소 정도 가 적힌 하얀 도화지에 석림정사 대신 백호의 시 한 수를 도장으로 찍어 가져갈 수 있다면 액자에 담아 걸어두고 오래도록 감상할 수 있을 것이 고, 백호의 고향 나주 회진을 오래도록 추억하게 할 수 있을 것이다.

시인 고은은 '만인보'에서 백호 임제를 이렇게 묘사했다.

당쟁판 엎치락 뒤치락 그놈의 벼슬 등진 조선 백운파에게도

살 까닭이 왜 없으리오

휘파람이나 불고 다니는 천치바보라 자칭한 임제에게 왜 없으리오

서도병마사 부임차 가다가서리

기생 황진이 무덤 찾아 자는다 누웠는다

기생 치맛지락 따위 애도해 마지않는 시 지어 바치고

그 무덤가에서

한잔 술 기울인 죄목으로

임지 당도하기도 전에 파직당한 백호 임제에게

남은 건 청초 우거진 골에 자는다 누웠는다

그러던 그도 술에 술독에 빠졌다가

나주 회진리 향리로 돌아가서

여러 자식 하나 하나한테

나 죽거든 곡을 하지 말아라 하고

서른아홉 살 뜬 구름 백호 임제 가고 말았지요

이 땅덩어리 좁다 하고 큰 세상 태어나야지 하고 가고 말았지요.

거북선을 만든
나대용 장군

역사는 미래를 비추는 거울이라고 한다. 과거와 현재를 알아야 미래를 설계할 수 있다. 나주는 오랜 역사만큼이나 걸출한 인물들을 많이 배출했다. 임진왜란과 정유재란. 두 왜란에서 혁혁한 공을 세운 문평 출신 체암遞庵 나대용羅大用 장군이 대표적이다.

"나대용이 없었다면 이순신은 그 같은 큰 공을 세울 수 없었을 것이요. 이순신이 없었으면 나대용은 그 포부를 실현하지 못했을 것이다."

행주대첩의 명장 권율 장군은 조정에 보낸 장계에서 이렇게 말했다.

소충사昭忠祠는 나대용 장군을 모시는 사당이다. 문평면 오룡리에 있다. 혁신도시를 빠져나와 1번 국도를 타고 달리다 옛 고막원역 앞 교차로에서 우회전하면 825번 지방도로인 체암로다. 나 장군을 기리는 도로다. 얼마간 체암로를 달리다 오른쪽 문평중학교 방향으로 꺾으면 방죽골에 이른다. 오른쪽에 나대용 장군과 거북선의 동상이 보인다. 그 위가 소충사다. 닫힌 대문 위에 충용문이라는 현판이 걸려 있다. 열린 쪽문을 통해 안으로 들어간다. 사당 마당 양쪽에 나무들이 심어져 있다. 엄청나게 크게 자란 꽝꽝나무 가지 사이로 칡넝쿨이 자라고 있다. 마당의 분위기는 음산하기까지 하다. 사당의 마당은 원래 이렇게 조성하는 건가. 관리를 제대로 안 해서인가. 꽝꽝나무에 가려진 안내판은 읽기 어렵다. 그런데, 소충사의 소자가 부를 소召 자다. 빛날 소昭를 쓰는 소충사昭忠祠 아닌가. 보도블록이 깔린 마당 끝 계단 위에 자리한 사당의 편액은 소충사昭忠祠로 돼 있다. 그렇다면 대문 안쪽 철제 안내판이 잘못돼 있다는 얘기다. 소충사라는 이름은 박정희 대통령이 하사한 것이란다. 천황폐하 만세를 외치고 충성을 맹세했던 일본군 장교 출신 독재자가 항일 구국의 영웅 나대용 장군 사당의 이름을 짓다니, 착잡하지 않을 수 없다. 사당의 문은 닫혀 있으나 자물쇠는 걸려 있지 않다. 문을 열고 안으로 들어가 장군의 초상 앞에서 합장하고 고개를 숙인다. 장군은 이순신 장군보다 11년 늦게 태어나(1556년) 이순신 장군이 순국한 노량해전

나대용 장군 생가에서 멀지 않은 곳에 장군을 기리는 사당인 소충사가 있다. 대문 위에 충용문이라는 현판이 걸려 있다.

(1598년)으로부터 14년 뒤인 1612년 향년 57세로 별세한다. 광해군 3년인 1611년, 교동수사로 승진하여 경기 수군을 맡았으나 과거 왜군과의 전투에서 입었던 총상이 재발했다.

생가는 오륜마을에 있다. 마을로 들어가는 도로 아래쪽은 논이고 도로 위쪽은 밭이다. 앞만 빼고 삼면이 낮은 산줄기에 둘러싸여 있는 마을. 마음이 절로 편안해진다. 오륜길 28-5. 생가 대문은 활짝 열려 있다. 대문 밖에서 마당 안 깊은 데까지 울퉁불퉁한 돌로 가운뎃길을 만들었다. 마당 좌우에 심어놓은 나무들이 제법 크다. 그렇다고 예쁘게 가꾼 정원도 아니고 다용도 공간인 농가의 마당도 아니다. 생가의 모습으론 선뜻 이해하기 어렵다. 대문 안쪽에 있는 나대용 장군 생가 및 묘소를 설명한 안내판의 문장도 이상하다.

"…임진왜란이 일어나기 1년 전인 1591년… 이순신 장군을 찾아가 거북선 제작을 건의하였다. 그 후 임진왜란이 일어나자 그 의견이 반영되어 거북선 3쌍이 처음으로 제작되었다"고 쓰여 있다. 임진왜란 1년 전 제작을 건의한 거북선은 임란 발발 후가 아니라 발발 하루 전 총통 발사 시험을 끝으로 완성되지 않았던가? 3쌍이 아니라 3척 아닌가? 거북선 제작 시점에 대한 영문 설명도 틀렸다(…at the launching of the Imjin Japanese invasion, his proposal was accepted. 임진왜란이 발발하자 그의 제안이 받아들여졌다). 다행히 3쌍이 영어로는 3척 three turtle ships 이라고 적혀 있다.

또 하나, 내비를 치면 나오는 인터넷 지도상의 '나대용 장군 생가 및 묘소'라는 표기와 생가에 있는 안내판에 적힌 '나대용 장군 생가 및 묘소'라는 표현. 누구라도 생가와 함께 묘소가 있을 것이라 생각하기 십상이다. 하지만 생가와 묘소는 서로 멀리 떨어져 있다. 안내판의 설명문

오륜마을 나대용 장군 생가. 대문이 활짝 열려 있다.

맨 아래, 묘소는 생가가 있는 마을에서 약 3km 떨어진 문평면 대도리 산기슭에 있다고 적혀 있다. 정확한 주소가 없어 나중에 장군의 묘소를 찾느라 힘들었다. 인터넷 지도에서 나대용 장군 묘소를 치면 생가가 있는 오륜마을의 생가 및 묘소가 뜬다. 지도에 생가와 묘소를 따로 표기하고, 안내판에도 묘소의 위치를 자세하게 밝혀 찾아가기 쉽게 해주면 좋을 것이다.

생가는 정면 네 칸, 측면 한 칸의 작은 초가다. 문을 열고 방안을 들여다본다. 좁은 방에서 청년 나대용은 밤새 호롱불을 밝히고 거북선 연구에 매진했을 것이다. 방안은 온통 설계도로 가득했다는데, 지금까지 남아 있다면 아직도 완벽하게 규명되지 않은 거북선의 실체를 시원하게 밝힐 수 있을 것이다. 그런데 마당도 그렇지만 생가는 과연 원래 모습 그대로일까. 현재의 생가는 엉터리라며 지역 언론인 김재구 기자가 열변을 토하던 일이 생각난다. 농가의 대문을 제각처럼 정면에 만들고, 옛 마루와 문짝을 엉뚱한 것으로 대체하고, 초가집 틀이 아닌 기와집 틀 위에 이엉을 얹어 놓았고… 문제점을 지적해도 관청에선 아무 반응이 없단다. 마을에서 그다지 멀지 않은(약 2km) 곳에 고막강(고막원천)이 있다. 옛날 고막강은 지금보다 훨씬 수량이 많고 깊었다. 왜구들은 바다에서 영산강을 따라 내륙 깊숙한 곳까지 쳐들어와 노략질을 일삼았다. 어린 시절 학문에 재능을 보였던 나대용은 붓을 버리고 무인이 되기로 결심한다. 무과에 급제한 후 한양에서 훈련원 봉사로 재직한다. 같은 시기 훈련원에서 근무하던 이순신과 맺어진 인연이 다시 이어질 줄 몰랐다. 훈련원 봉사직을 그만두고 귀향한 나대용은 십 년 동안 거북선 연구에 매진한다. 칼싸움에 능한 왜군과 싸우는 데는 적들이 뛰어들기 어려운 철갑선이 유용할 것이라 생각했다. 나대용이 태종실록에 등장하는 귀선 얘기를 알고 있었는지는 알 수 없다. 완성된 설계도를 들고 나대용은 전라수군절도사 이순신 장군을 찾아가 이순신의 휘하에서 거북선 제작을 지휘한다. 1592년 4월 11일, 지자총통과 현자총통의 발사 시험을 끝으로 거북선은 완전한 철갑 전함으로 완성된다. 다음 날인 4월 12일, 코니시 유키나가가 이끄는 만8천 명의 왜군이 수백 척의 배에 타고 부산 앞바다에 출현했다.

나대용이 물방개를 보고 철갑선 아이디어를 얻었다고 추측하는 사람들이 있다. 지역에 전하는 노래가 있다.

빙글빙글 돌아라 잘도 돈다 물방개야

비바람 거친 파도 걱정일랑 하지 마라

크게 쓰일 장수 나와 낙락장송 다듬어서

너 닮은 거북배 바다 오적 쓸어낸다

어허 둥둥 좋을시고 빙글빙글 돌아라

잘도 돈다 물방개야 잘도 돈다 물방개야

  물방개는 뛰어난 수영과 잠수 실력을 자랑한다. 영어로 다이빙하는 딱정벌레 diving beetle 라 하는 까닭이다. 냄새로 먹이를 추적하는데, 죽은 것이든 산 것이든 가리지 않고 먹어 치우는 물 속 청소부다. 힘도 세서 제 몸집보다 몇 배나 큰 미꾸라지도 큰 턱으로 들어올린다.

  2007년 말 '나대용장군기념사업회'가 출범했다. 이듬해 4월, 동상 제작비로 전라남도와 나주시가 각각 1억원, 나대용 장군의 후손 대표인 나승옥이 1억을 출연했다. 금성 나씨 가문의 많은 후손들도 힘을 보탰다. 2012년 동상을 건립하고 장군 서거 400주년을 추모하는 학술대회를 개최했다. 나대용 장군 동상 옆에 거북선 동상이 있다. 동상 아래쪽은 논과 방죽이다. 장군이 거북선을 실험하던 방죽골을 재현한 듯한데 규모가 너무 작고 그나마 잡풀로 덮여 있다. 옛날엔 방죽골까지 바닷물이 들어왔다니 나대용은 너른 물에서 거북선 모형을 띄워놓고 실험했을 것이다. 동상도 작고 방죽도 작다. 넓은 바다를 호령하며 왜적을 무찌르던 장군의 기백을 상상하기 쉽지 않다. 아쉽고 안타깝다. 사당 앞에 세워진 '나대용장군기념사업계획 조감안도'를 보면 2020년까지 생가 옆에 한옥관광마을을 조성하고, 방죽 옆에는 과학관을 건립할 예정이라고 돼 있

나대용 장군 생가. 대문 밖에서 마당 안 깊은 데까지 울퉁불퉁한 돌로 가운뎃길을 만들었다. 마당 좌우에 잔뜩 심어놓은 나무들이 제법 크다.

다. 계획대로라면 작년에 끝났어야 할 사업이지만 이뤄지지 않았다. 무슨 까닭일까. 옆의 논을 보태 방죽을 확장하고 작은 거북선이라도 만들어 띄워놓는 건 어떨까. 장군과 거북선에 대해 배울 수 있는 작은 과학관이 있으면 더욱 좋을 것이다. 지역 학생들을 위한 교육장으로 활용할 수 있다. 지역의 관광자원이 늘어나는 셈이니 일석삼조다. 지금 있는 것도 제대로 관리하기 힘든데, 무슨 지나친 요구냐고 할까.

나대용 장군이 만든 거북선은 여러 해전에서 활약한다. 처음 출동한 전투는 2차 사천해전이다. 적선 13척을 불태웠으나 나대용 장군과 이순신 장군 모두 적탄에 맞아 부상을 입는다. 왜선 60여 척을 격파한 한산도 대첩에서는 선봉을 맡았다. 적선 21척을 격침시킨 당포해전에서는 뱃머리로 왜장이 탄 배를 들이받는다. 중위장 권 준은 활을 쏘아 왜장을 쓰러뜨린다. 장군은 또 적탄에 맞아 부상을 당한다. 왜군이 물러가고 정유재란이 끝났다. 남은 전함의 총수는 불과 60여 척. 다시 전쟁이 벌어진다면 큰일이다. 거북선은 사수와 격군의 숫자가 판옥선 만큼 많이 필요하고 활을 쏘기도 불편했다. 군사의 수를 늘리지 않고 더 많은 수의 전함을 운용할 수는 없을까. 나대용 장군은 전쟁이 끝난 후에도 끊임없는 연구를 통해 업그레이드된 전함을 개발한다. 거북선의 장점을 살리고 단점을 보완한 창선槍船을 만들고 쾌속선인 해추선海鰍船을 제작한다. 해추海鰍는 바다미꾸리다. 북한에서는 동갈매기라고 한다. 날렵하고 빠르다. 거북선, 창선, 해추선. 영산강에서 장군을 기념하는 페스티벌을 만들어도 좋을 것이다.

　나대용 장군의 동상. 왼손에 칼을 쥐고 지휘봉을 든 오른손으로 어딘가를 가리키고 있다. 시선은 오른쪽을 향하고 있다. 고막강 너머 멀리 바다를 바라보는 것인가. 올려다보는 장군의 모습이 위풍당당하다. 조금 더 젊은 얼굴로 표현했으면 어땠을까. 왜란이 발발한 임진년에 장군의 나이는 만 서른여섯이었다.

　생가와 사당을 탐방했으니 장군의 묘소를 가보려고 생가 안내판에 적힌 대로 3km 남짓 떨어진 대도리로 차를 몬다. 정확한 주소가 없으니 무작정 달린다. 길에서 만난 노인에게 묻는다.

　"너무 왔어. 저그 아래 저수지 있잖어. 뚝길을 타고 계속 가면 두 갈래 길이 나올 것이여. 오른쪽으로 가면 용현사, 왼쪽으로 가면 장군 묘소여."

　노인이 일러준 대로 비포장 좁은 길을 한참 달린다. 두 갈래길. 용현사라고 쓰인 팻말이 있다. 화살표가 오른쪽을 가리킨다. 왼쪽에 집이 몇

소충사 입구 아래 조성된 작은 공원에 나대용 장군 동상과 거북선 동상이 있다.

채 있다. 집 앞의 길을 택한다. 시멘트로 포장된 좁은 길 양쪽에서 아무렇게나 자란 풀들이 차체에 부딪힌다. 자칫하면 바퀴가 빠질 수도 있겠다. 운전대를 잡은 손에 힘을 주며 한참을 올라간다. 눈앞에 시멘트를 깐 공터가 나타나고 기와집이 한 채 있다. 여긴가? 인조기와로 지붕을 덮은 집이다. 군데군데 흙이 떨어져 나간 벽은 낙서로 지저분하다. 인조기와 지붕의 일부는 벗겨졌다. 경목재敬睦齋라는 현판이 달려 있는 것으로 보아 제각 같다. 안내판이 없으니 추측이다. 오는 길 내내 어디에도 나대용 장군 묘소가는 길임을 알려주는 표지판은 없었다. 묘소는 어디지? 집 옆으로 계단이 나있다. 위쪽에 묘소가 보인다. 무성한 잡풀을 건너 계단을 오른다. 숨이 가빠지고 땀이 차오른다. 묘소까지 왔다. 그런데 비석에 적힌 글자를 보니 장군의 묘소가 아니다. 위를 올려다본다. 수풀에 가로막혀 아무 것도 보이지 않는다. 계단은 계속 위를 향해 나 있다. 확실치도 않은데 계속 올라가야 하나. 장군 묘소가 제각에서 이렇게 멀리 떨어져 있을라고. 계단을 내려온다. 다른 쪽에도 묘소들이 있다. 얼크러진 잡풀더미를 헤치고 다가간다. 아니다. 두어 군데 그러고 다녔다. 저녁 약속 시간도 다가오는데, 다음을 기약하고 내려가자. 차를 몰고 내려오는 동안 슬그머니 부아가 난다. 어떻게 이럴 수가 있지. 묘소로 안내하는 표지판 하나가 없다니.

올라갈 때 지났던 두 갈래 길 아래 콩밭에서 일하던 할머니 두 분이 일어나 쳐다본다.

"나대용 장군 묘소가 어딘지 아셔요?"

"여기 아니여. 놀아서 한참 가믄 장군님 사당도 있고 동상도 있어. 그리 가보셔."

"아, 소충사요. 거긴 갔다 왔어요. 묘소는 여기 대도리 만전산에 있다는데요."

"그래요? 잘 모르겠는디. 아 참, 저 집에 가믄 영감님 한 분 계시는디 그 분이면 알 거여. 거그 가서 물어보시요."

할머니가 가리킨 집으로 향한다. 댓돌 위에 신발이 놓여 있다.

"계십니까?" 하고 큰 소리로 부르자 방문이 열리고 할아버지 한 분이 밖을 내다본다. '나대용 장군 묘소를 찾는다'고 하니

"요기로 쭉 올라가면 제각이 있는디 그 뒤에 있어."라고 말한다.

"가 봤는데 없던데요."

"뭔 소리여. 제각 뒤로 올라가면 장군석이 있는 묘가 있는디."

'경목재'라는 현판이 붙은 나대용 장군 묘소의 제각. 군데군데 흙이 떨어져 나간 벽은 낙서로 지저분하고 지붕을 덮은 인조기와는 일부가 벗겨졌다.

표정을 보니 확실하겠다. 돌아왔던 길로 다시 차를 돌린다. 제각 주차장에 차를 세우고 아까 올랐던 계단을 다시 오른다. 온몸에 땀이 난다. 아까 왔던 묘소를 지나 헉헉대며 올라간다. 앗, 장군석이 있다. 같은 크기의 무덤 두 개가 있고 가운데에 묘비가 있다. '가선대부 행경기수군통어사 체암 나 선생지묘'. '정부인 이천 서씨 부祔'라고 병기된 걸로 보아 부부 합사묘다. 봉분은 전혀 관리되고 있지 않다. 잡풀과 함께 묘목들이 자라고 있다. 탁 트여있어야 할 시야는 마구 자란 나무와 수풀로 차단되어 있다. 제각 쪽에서 봐도 장군의 묘가 보이지 않았던 까닭이다. 얼마나 찾아온다고 외진 곳에 있는 묘소까지 정성들여 관리해야 하냐라고 생각할 일이 아니다. 장군에 대한 예의도 아니지만 방문객을 위해서도 이래선 곤란하다. 묘소는 깨끗하게 관리해야 하고 찾기 쉽게 가는 길목마다 표지판을 세워야 한다. 나주가 낳은 불세출의 영웅을 받들고 알리는 것은 민간에 맡겨서 될 일이 아니다.

나대용 장군의 묘소 앞에서 두 손을 모은다. 장군이 만든 거북선은 누란의 위기에서 나라를 구하는 데 큰 공을 세웠다. 그로부터 400년 후, 거북선은 또 대한민국이 전쟁의 잿더미에서 일어나 단기간에 세계 10위권 경제대국으로 성장하는 데도 도움을 주었다. 1972년, 현대 정주영 회장은 조선소 건설을 위해 영국 바클레이은행에 4,300만 달러의 차관 도입을 타진하러 갔다. 한국기업을 믿지 못하는 바클레이 은행은 정 회장을 문전박대했다. 은행에 영향력이 있는 선박 컨설턴트회사를 찾은 정 회장은 거북선이 그려진 지폐를 보여주며 말했다.

"영국 조선의 역사는 17세기에 시작됐지만 한국은 그보다 3백 년이나 앞서 철갑선을 만들었다."

그로부터 2년 후인 1974년. 현대중공업 울산조선소 준공식이 열렸다. 약 반세기가 지난 2021년 현재, 대한민국의 조선업은 세계 최고다. 2021

나대용 장군 묘소. 장군석이 있고 같은 크기의 무덤 두 개 사이에 묘비가 있다.

년 상반기 전 세계 선박 발주량 가운데 44%를 우리나라가 수주했다. 전 세계 고부가가치 선박 발주량의 61%, 대형 LNG 운반선 발주량의 100%를 우리가 휩쓸었다. 2016년 미국 해군연구소는 세계 7대 전함에 아시아에서는 유일하게 거북선을 포함시켰다. 여섯 척은 모두 20세기 이후 만들어진 것이지만 거북선은 400여 년 전인 16세기에 만들어진 전함이다. 나대용 장군은 실로 조선 최고의 선박기술자이자 과학자였다. 해군이 운용하는 1,200톤급 잠수함 중에 나대용함이 있다. 매년 4월 21일 과학의 날에 소충사에서는 추모제가 열리고 나대용함 장병들이 찾아온다. 해군은 매년 나대용상을 시상한다. 국방과학기술 연구에 공이 있는 사람을 선정해 표창하는 상이다.

거평사와
의병장 금계 노인

거평사는 금계錦溪 노인魯認을 기리기 위해 18세기 말 그의 고향인 문평면 동원리 무학산 기슭에 세운 사당이다. 원래는 노인의 호를 따서 금계사라 했다. 후에 노인의 9대조 노신과 '당포해전 승첩도'를 하사받은 노홍을 추가로 배향하면서 거평사로 고쳤다. 2007년에는 문충공 노목시조를 봉안했다. 노인은 열일곱 살 때 진사시에 합격한 뒤 한양에 올라가 왕실 재정을 관리하는 내수사의 별제(정6품)로 일했다. 귀향해 성리학을 공부하던 노인은 임진왜란이 일어나자 의병을 일으켜 의병장이 된다. 약 백 명의 의병을 이끌고 권율 장군 밑에서 왜군과 싸웠다. 이치·행주·의령 전투에 참가했다. 정유재란 때(1597년 8월 15일) 남원성에서 싸우다 왜군의 포로가 되어 사츠마번(현재의 가고시마현)으로 끌려가 사츠마의 영주 시마즈요시히로 밑에서 포로 생활을 했다. 일본인들 사이에 노인의 문장력이 뛰어나다는 소문이 나자 젊은 일본인 관리들이 돈을 들고 와 노인에게 글씨와 시를 써달라고 부탁했다. 노인은 모은 돈으로 통역

금계 노인을 기리기 위해 무학산 기슭에 세운 사당 거평사. 대문인 무학문 옆으로 금계사 유허비와 거평사 연혁이 적힌 검은 돌이 있다.

관을 매수하여 정보를 입수한다. 일본 산천의 지세, 호구, 군사 정보 등을 일기에 적었다. 노인은 호시탐탐 탈출할 기회를 노렸다. 한 번 실패했지만 포기하지 않고 재차 시도해 성공한다. 중국 사신 임진혁 등과 함께 배를 타고 탈출하여 중국의 장주·흥화를 거쳐 복건에 도착한다. 복건에 머무르며 중국 황제에게 귀국을 탄원한 것이 받아들여져 북경을 거쳐 귀국했다. 포로로 끌려간 지 2년 5개월 만이었다(1597.8.~1600.1.). 노인은 왜인들의 풍속, 습관, 포로 대우, 탈출 경위 등을 꼼꼼히 기록하고, 중국인들의 생활과 문화에 관해 구체적으로 적은 '금계일기'를 남겼다. 많은 양이 소실되고 1599년 2월 22일부터 6월 27일까지의 기록만 남아 있다. 그럼에도 사료적 가치가 커서 보물 제311호로 지정되었다. 중국을 거쳐 돌아온 노인은 임금에게 일본 상황을 상세히 보고한다. 1604

년 통영 앞바다에 왜적이 침입해왔을 때 통제사 이경준과 친척 노홍 등과 함께 왜군을 무찔렀다. 국립광주박물관에 소장된 당포전양승첩도라는 그림에 당시의 전투 상황이 그려져 있다. 노인은 선조 임금의 치하를 받고 수원부사가 되었으나 광해군 때 정국이 어지러워지자 칭병하고 사직한 후 낙향했다.

남원에서 왜군에 납치되어 일본의 사츠마로 끌려간 사람으로 심당길이 있다. 심당길은 일본에 정착해 사츠마야키의 시조가 된다. 후손들은 심수관이란 세습명을 쓰며 15대째 가고시마에서 도자기(사츠마야키)를 굽고 있다. 사츠마야키는 1900년 파리박람회에 출품된 후 세계적으로 유명해졌다. 심수관 가문은 한국계임을 숨기지 않고 당당하게 살고 있다.

문평면 동원리 거평사에 도착했다. 검은 돌에 거평사 연혁이 적혀 있다. 2009년에 함평 노씨 종친회에서 세운 것이다. 옆에 금계사 유허비라고 쓰인 비석이 서 있다. 대문인 무학문舞鶴門은 굳게 닫혀 있다. 계단을 올라 발돋움하여 문 안을 살핀다. 기와집이 있다. 경의재經義齋라고 쓰인 편액이 달려 있다. 거평사는 고종 때 대원군의 서원철폐령으로 철거되었다가 1934년에 다시 세워졌다. 전쟁 중인 1951년 1월 소실되었다가 12월에 복원되었고 1953년에 경의재를 중건하였다. 강당으로 지어진 경의재는 대문을 잠근 지 오래인 듯 마당엔 잡풀이 무성했다.

체암 나대용 장군, 금계 노인 선생을 비롯해 나주는 국난이 닥쳤을 때 목숨을 걸고 나라를 위해 싸운 많은 영웅들을 배출한 고장이다. 정유재란 때 이순신 장군 휘하에서 큰 공을 세운 최희량 장군도 그 중 한 명이다. 최희량 장군이 전과를 적어 보내고 받은 문서를 한데 묶은 '임란첩보서목'은 보물 제660호로 지정돼 있다. 나주 다시면 가흥리에는 최희

강당으로 지어진 경의재. 대문을 잠근 지 오래인 듯 마당엔 잡풀이 무성했다.

량 장군을 기리는 신도비와 사당인 무숙사가 있다. 나대용 장군 생가, 사당, 묘소와 함께 금계 노인을 기리는 거평사까지 한달음에 둘러봤다. 전체적인 소감은 많이 아쉽다는 것이다. 나주의 풍부한 역사 인물 자원. 뭘 만들려면 제대로 만들고, 기왕 조성했으면 깨끗하게 관리하고 계속 업그레이드하여 가볼만 한 곳으로 만들어야 한다. 그것이 중요한 시대다.

원도심 교동,
짧은 추억여행

원도심 교동에 살며 나주초, 중앙초, 나주중학교를 다녔다. 한수제, 향교, 나주천, 잠사공장, 금성산, 월정봉, 다보사…. 모두 유년시절 추억이 서린 곳들이다. 깨복쟁이 친구 둘이랑 짧은 추억여행을 했다. 페북 대문 사진. 중앙초등학교 5학년 봄소풍 때 찍은 것이다. 내 바로 오른쪽에 보이는 친구가 김준상, 그 다음이 김영복이다. 준상이는 가끔 만나며 살았지만 영복이는 나주에 내려와 재회했다. 사진 속 모습처럼 체구가 작았고 수북한 머리를 앞까지 길게 길렀다. 영복이는 무릎을 꿇고 두 손을 가지런히 무릎 위에 얹고 사진을 찍었다. 왜그랬을까. 궁금하고 재밌다. 준상이는 우리 앞집에 살았다. 작은 오두막 같은 집. 단칸방에 부모님, 누나 둘, 남동생, 여동생, 모두 일곱 식구가 살았다. 우리 집도 할아버지, 부모님, 네 형제, 총 일곱 식구였다. 마당도 있고 방도 두 개 있는 집이었지만 마을의 거의 모든 집에 들어온 전기가 우리 집엔 없었다. 좁은 준상이네도 전깃불이 들어와 환했다. 우리 집은 서울로 이사할 때

좁은 골목길 안에 있었던 우리 집을 두 친구랑 찾아갔다. 나주천변 쪽에서 서성문 성벽 쪽까지 뚫린 골목길 전체가 노랗게 칠해져 있다.

까지 호롱불이었다. 전기세가 부담일 정도로 어려웠다. 준상이는 종종 우리 할아버지와 나와 남동생이 쓰는 방에서 같이 잤다. 중풍 후유증으로 몸의 왼쪽만 쓰시던 할아버지는 팔 힘이 엄청 셌다. 술을 좋아하시던 할아버지는 서울로 이사한 지 얼마 안 되어 돌아가셨다. 아버지랑 내가 임종을 했다. 담담하게 혼자서 할아버지의 시신을 염하던 아버지의 모습이 지금도 눈에 선하다. 형의 급작스런 죽음으로 졸지에 장남이 된 아버지. 조부모와 동생들까지 있는 대가족의 모든 애경사를 혼자서 수습해야 했으니 얼마나 힘드셨을까. 그런데도 항상 온화했다. 돌아가신 지 3년이다. 아버지가 그립다.

"나는 쿨쿨 잠만 잤고 너는 호롱불 켜놓고 책 읽었어야."

그런 것 같지 않은데 준상이가 그리 얘기하니 그랬었나 보다. 옛날에 대한 기억은 준상이가 훨씬 잘한다. 내가 떠난 후에도 오래 나주에서 살았으니 더 그러할 것이다. 서성문 밖, 향교와 신청문화관 사이에 있는 구역. 좁은 골목길 안에 있었던 우리 집을 두 친구랑 찾아갔다. 준상이네 집도 우리 집도 그 자리에 있다. 자물쇠가 걸려 있지만 준상이네는 여전히 사람이 살고 있는 듯하다. 우리 집 구조는 많이 바뀌었다. 준상이네랑 비스듬히 마주보고 있던 대문이 골목길이 휘어지는 지점으로 옮겨져 있다. 옛날 대문은 담으로 막히고 그 앞에 작은 건물을 지어놨다. 우리 바로 옆집은 박화열 형네 집이었다. 화열 형 집에서도 많이 놀았다. 화열 형은 남고문 옆에서 스쿨룩이라는 교복점을 한다. 나주에 내려와 다시 만났다. 반세기만의 재회였다. 옛날 주소는 나주읍 교동 82번지였다. 골목길을 끝까지 가면 서성문에서 이어지는 성벽이 나온다. 어릴 적엔 성문도 성벽도 없었다. 우리 집이 있는 골목을 성벽 쪽으로 빠져나가면 다시 골목이었다. 중앙초등학교에 다닐 때 골목과 골목이 합류하는 지점에서 왼쪽 방향으로 꺾어 골목을 빠져나가야 했다. 비가 오면 골목길은 진창이었고 흐리거나 어두워지면 무서웠다. 나주초에 다닐 땐 개천 쪽으로 골목을 빠져나와 개천길(나주천1길)을 따라 걸어갔다. 도중에 잠사공장이 있었다. 쌀쌀한 날씨엔 길가 건물 아래쪽 구멍에서 김이 모락모락 났고 가끔 누에고치와 번데기가 흘러나왔다. 친구들과 주위 먹는 번데기는 고소했다.

　옛날 우리 집의 문이 잠겨 있어서 집안 구경은 힘들겠다 얘기하고 있는데 대문이 열린다. 아주머니 몇 분이 나온다. 마지막에 나온 주인에게 잠시 집안 구경을 할 수 있겠느냐 부탁하니 바쁘다면서도 허락해주었다. 집 대문을 들어서면 왼쪽은 변소였다. 깊이 구덩이를 파고 널빤지 두 장을 깐 화장실. 옆엔 불을 때고 남은 재가 산더미처럼 쌓여 있었다. 화장실 옆으로 거위우리, 돼지우리, 닭장이 연달아 있었다. 대문 안 오른쪽은 장독대였다. 그 앞은 텃밭이었고 감나무가 한 그루 서 있었다. 떨어진 감꽃을 실에 꿰어 목걸이를 만들었다. 마당은 다용도 공간이었다. 큰 덕석 위에선 참깨 고추 같은 작물을 말렸다. 여름밤엔 모깃불을 피우고 평상에 올라 음식도 먹고 쉬었다. 지금은 대문이 있던 곳에 작은 건물이 있고 장독대와 밭이 있던 자리에도 건물이 들어섰다. 가축우리들이 있던 곳은 화단이 돼 있다. 머릿속에 있는 그 옛날 마당은 넓었는데 지금 보니 좁다. 저수지도 개천도 넓었고 개천 건너편에 있던 나주중

옛날 우리 집. 대문이 있던 곳에 지금은 작은 건물이 있고 장독대와 밭이 있던 자리에도 건물이 들어섰다. 가축 우리들이 있던 곳은 화단이 돼 있다.

학교도 가깝지 않았다. 학교까지 가는 길도 엄청나게 멀었다. 어린 아이라 그렇게 느꼈을 것이다.

"다음에 오셔서 천천히 둘러 보셔요."

주인의 재촉에 집 구경은 몇 분 만에 끝났다. 바쁜 중에 배려해준 마음이 감사하다.

"여기서 딱지치기, 구슬치기, 말뚝박기, 띠기(=떼기=뽑기) 그런 거 하며 놀았었제."

골목 입구에서 준상이가 말했다. 세계적으로 선풍적인 인기를 불러일으키고 있는 오징어 게임에 나오는 놀이들을 했다. 다만 오징어 게임은 없었다. 우리들이 했던 가장 폭력적인 놀이는 게라니라고 하는 것이었다. 어디서 유래한 말인지 모르겠다. 친구들끼리 편을 갈라 발차기를 했다. 한 번은 친구를 찬다고 붕 날랐는데 허공을 갈랐다. 피한 친구 대신 남의 집 흙벽을 찼다. 갑자기 큰 구멍이 뻥 뚫렸다. 안은 부엌이었다. 저녁밥을 짓느라 아궁이에 한창 불을 때고 있던 사람이 깜짝 놀라 엉덩방아를 찧었다. 누구네 집이었을까. 초가집이었던 것 같은데.

"원영이네 집이었어. 그때 이 집은 초가집 아니었어."

준상이는 다 기억하는데 나는 기억나지 않는다. 뻥 뚫린 흙벽 앞에서 어쩔 줄 몰라 하며 서 있던 소년. 반세기가 지나서 다시 그 자리에 섰다. 그때 콩닥거리던 가슴이 생생하게 느껴진다.

개천에는 지금보다 훨씬 물이 많았다. 여름이면 미역을 감았다. 밤에는 마을 여자들이 목욕을 했다. 개구쟁이 녀석들은 훔쳐보다 들키면 돌을 던지고 달아났다. 아버지의 큰 자전거를 타고 놀다 개천 바닥으로 떨어진 적이 있다. 축대 바로 아래는 자갈밭이었다. 어른용 자전거 안장에

내가 졸업한 나주중학교는 나중에 남녀공학이 되었고 다른 장소로 옮겨갔고 지금은 나주고등학교만 있다. 옛날의 철제 대문 대신 설치된 낮은 높이의 자바라 게이트 앞에서 추억담이 끊이지 않는다.

오르면 다리가 닿질 않았다. 안장 밑 프레임 사이로 난 세모꼴 공간에 한 다리를 집어넣고 자전거 옆에 매달려 페달을 돌렸다. 개천가를 따라 달리다 추락했다. 먼저 떨어진 내 위로 자전거가 덮쳤는데 어디 한 군데 다친 데가 없었다. 나주중학교에 가서는 친구들과 편을 갈라 전쟁놀이를 하고 놀았다. 운동장 주변에 있는 수풀에서 작은 나무의 가지들을 엮어 본부를 만들고 낮게 포복을 하고 몸을 숙이고 뛰기도 했다. 먼저 발견해 빵하고 총을 쏘면 이겼다. 나무 젓가락으로 총을 만들고 고무줄을 총알 대신 발사하기도 했다. 초등학생 때인 어느 날 어스름. 친구들과 나주중학교에 가서 놀기로 했다. 누가 먼저 가는지 겨뤄보자고 달리기 시합을 했다. 열린 교문 안으로 달려 들어가다 쾅! 하는 소리와 함께 나뒹굴었다. 닫힌 한쪽 철문에서 빗장이 삐져나와 있었다. 기절했다가 정신이 드니 이마에서 철철 피가 났다. 주변에 떨어져 있던 종잇조각을 주워 피 나는 곳에 붙이고 놀았다. 집에 돌아가 거울을 보니 버팅 당한 권투선수처럼 왼쪽 눈썹 위가 길게 찢어져 있었다. 어머니가 된장을 한 숟갈 떠오더니 벌어진 상처 위에 발랐다. 병원에 가서 꿰맸으면 흉터가 남지 않았거나 작아졌을 것이나 그럴 형편이 못되었다. 지금도 또렷한 왼쪽 눈썹 위의 긴 흉터. 순식간에 유년 시절로 나를 데려가는 타임머신이다.

"여기 분식집. 옛날에 이발소 아니었냐?"

"맞아. 의자에 널빤지 올려놓고 앉아 머리를 깎았었지."

"그래. 물레방아 그림이 걸려 있었고 시가 쓰여 있었잖아."

옛날의 철제 대문 대신 설치된 낮은 높이의 자바라 게이트 앞에서 추억담이 끊이지 않는다. 나주시가 설치한 사진촬영용 프레임 앞에서 김준상, 김영복과 나란히 앉아 사진을 찍는다. 흰 머리, 주름 파인 얼굴, 쭈글쭈글한 피부. 노년기에 들어선 남자들에게서 깨복쟁이 어린 시절의 모습을 상상하기는 쉽지 않다. 53년 전 중앙초등학교 5학년 때 봄 소풍을 가서 찍은 사진. 이름이 기억나는 친구들도 있고 전혀 알아볼 수 없는 친구들도 있다. 서울에 사는 재봉이는 가끔 보고 사는데 구백화물집 용환이는 어디서 무얼 하고 있을까. 사진 속 아이들은 무슨 꿈을 꾸고 있었을까. 인생 3막. 살다보니 어느 새 나이를 너무 많이 먹었다. 서울에서 살면서 늘 그리웠던 곳, 유년의 모든 추억이 고스란히 남아 있는 곳. 언제라도 어린 시절의 나로 돌아갈 수 있는 나주가 좋다.

나주시가 설치한 사진촬영용 프레임 앞에서 김준상 김영복과 함께 나란히 앉아 사진을 찍는다. 53년 전 중앙초 등학교 5학년 때 봄 소풍을 가서 찍은 사진에서 1이 나, 2가 김준상, 3이 김영복이다.

임금님의 상, 나주반의 장인
김춘식 옹

'나주반'이라고 하니 음식이라고 생각할 수도 있겠지만 여기서 말하는 나주반羅州盤은 나무로 만든 상으로 임금님이 사용하던 둥근 상床이다. 해주반, 통영반과 함께 조선의 3대 반이다. 각각 다른 특징이 있다. 통영반은 자개로 유명한 고장답게 화려한 자개 장식이 특징이고, 해주반은 다리의 투각 장식이 예쁘다. 나주반은 다른 반과 달리 판 밑에 운각(雲脚 또는 草葉)을 만들고 운각과 다리를 결합한다. 나주반은 별다른 장식 없이 간결하면서 튼튼하다. 단순한 아름다움. 과한 화려함을 천시한 나주사람들의 미의식이 반영돼 있다. 얼핏 보아 제일 만들기 쉬울 것 같지만 그 반대다.

나주반의 전통을 되살린 장인匠人 김춘식 옹(86세). 김춘식 옹은 나주시 다도면 출생이다. 어릴 적 아버지가 돌아가시고 이모가 있는 반남으로 이사해 다도의 기억은 없다. 원래 육 남매였는데 셋을 잃고 삼 남매가 남았다. 형, 누나 그리고 막내인 춘식. 일제 강점기. 형이 돈을 벌러

나주반의 전통을 되살린 장인 김춘식 옹.

일본으로 건너갔다. 나중에 엄마 누나랑 같이 형이 있는 후쿠오카로 갔다. 후쿠오카에서 소학교를 다녔다. 태평양전쟁 말기. 시모노세키에서 연락선을 타고 귀국길에 올랐다. 가족들의 삶은 힘들었다. 열아홉 살 때부터 삼종형한테 목수일을 배웠고 나중에는 장인태 선생께 나주반 만드는 걸 배웠다.

"그 양반은 여그저그 돌아댕기면서 고용돼야 갖고 일을 했는디, 모셔 올라믄 주인집에 진 빚을 갚아줘야 해요. 빚을 갚아주고 모셔 와서 3년 동안 배웠어요. 어떤 상이든 못 만드는 것이 없었제. 재주는 출중헌디 워낙 술을 좋아해서 영산포 냉산에 있는 친구를 만나 맨날 퍼마시는 거여."

군대를 마치고 영산포 중앙동에 공방을 마련했다. 예로부터 나주는 목물木物로 유명했다. 나주반 장인과 소목방小木房이 여럿 있었다.

"상집을 했는디 장사가 잘 돼얐어요. 종업원을 두고 상을 만들면서 나주반 연구를 계속 했지요. 돈도 제법 벌었제. 지금도 그 자리에 점방이 있을 것이오."

1977년. 그동안 팔지 않고 모아 둔 나주반 70점으로 광주학생회관에서 전시회를 열었다.

"매스컴에서 난리가 났어요. 나주반 전통이 끊어진 줄 알았는디 김춘식이라는 사람이 나주반을 만들고 있었다니께 모두 놀란 것이제. 케이비에쓰 뉴스에 나오고 그랬어요."

나주반 전시회는 큰 화제를 불러 일으켰고 장사도 더 잘됐다. 1986년 전라남도 무형문화재 14호 나주반장匠으로 지정되었다. 여유가 있던 생활에 어려움이 닥친 건 역설적이게도 무형문화재가 된 후부터였다. 장을 돌아다니는 장사치들이 일반 상을 '무형문화재 김춘식이 만든 상'이라고 선전하며 팔았던 것이다.

"싸구려 상을 팔면서 나주반장 김춘식이 만든 것이라고 하고 다니니 안 되겠드라고. 내가 그래도 인간문화재인디, 아무 상이나 파는 상집을 해선 안 되겠다 생각하고 앞으로는 나주반만 만들기로 작정했소."

자식을 다섯이나 둔 가장으로서 쉽지 않은 결정이었다. 일반 상을 팔지 않고 나주반만 팔아서는 도저히 수지타산이 안 맞았다. 일반 상 가격보다 열 배는 더 받아야 했지만 불가능했다. 빚을 얻어 써야 할 만큼 생활이 어려워졌다.

"나주시에 지원요청을 해봤는디 콧방귀도 안 뀌더라고. 은행 이자를 못 갚으면 차압을 당했어요. 그란디 외려 은행에서 이런 저런 방법을 찾아서 살려주드라고."

학생독립운동의 시발점인 옛 나주역 반대편에 김춘식 옹이 있는 나주반교육전수관이 있다.

"나무는 주로 은행나무 느티나무를 써요. 피나무도 쓰는디 요새는 보호림으로 지정이 돼서 재료 구하기가 힘들어요."

구한 나무는 5년 동안 자연상태에서 건조한 후 사용한다. 옻칠을 하는 데도 시간과 정성이 들어간다. 과거 나주반 공방에서는 옻칠장인을 따로 두었다. 무형문화재 나주반장으로 한 달에 백오십만 원 정도를 지원받는다. 1년에 두 번 전시회를 하는 비용도 나온다. 서울에 가서 근사하게 전시회를 한번 하고 싶은데 아직 못했다. 나주시가 서울전시회 비용을 대주겠다고 해서 기다렸는데 결국 실현되지 않았다. 다시는 관청에 도움을 기대하지 않기로 작정했다. 여든여섯. 이제 나주반 만드는 게 힘에 부친다. 다섯 자식 중 막내 아들 김영민 씨가 아버지를 이어 나주반을 만들고 있다. 나주반 전수자 김영민 씨는 대학원에 다니며 목공예를 연구하고 이곳저곳 강의를 한다. 전수교육관을 찾은 날도 2박 3일 전주 출장 중이었다. '나주반교육전수관'은 옛 나주역 반대편에 있다. 그나저나 나주반을 만들어 생활할 수 있을까.

"전보다는 낫제. 안 팔릴 것 같아도 제법 팔려요. 하나에 백오십만 원 이백만 원 하는디도. 요즘 사람들은 옛날하고 틀려요. 좋아하는 것은 비싸도 산당께요. 어디서 알았는지 전국에서 사러 와요."

"한 번은 신혼부부가 왔는디, 여행 일정에 나주반 사는 걸 넣어두었다고 하드랑께. 젊은 사람들이 나주반 하나 꼭 갖고 싶었다고 일부러 여그까지 왔더라고. 상상 외로 나주반을 좋아하는 젊은 사람들이 있어요."

물론 '무슨 상이 이렇게 비싸냐'고 하는 사람들도 있다.

"그라믄 내가 그라제. 명품 백 하나에도 수백만 원 천만 원씩 하는디 우리나라 명물인 나주반 하나에 몇 백만 원이 머시 비싸냐. 들어가는 시간과 정성을 생각하믄 싼 것이여. 이렇게 말하믄 금방 말귀를 알아듣고 두말 안 하고 사가."

크고 작은 다양한 종류의 상이 전시돼 있다. 사각 팔각 십이각반. 원반. 다리 모양도 다양하다.

"저것은 일인용 상. 작은 것은 약상. 낮은 것은 찻상. 거그 12각 호족반은 머슴상이여."

"머슴상이 제일 멋있는 것 같은디요."

"아무리 머슴이라도 밥은 제대로 된 상에다 차려 묵게 했제. 옛날에는 천대받았던 것이 시방 보믄 귀한 것이여. 작은 머슴상은 지금은 다과상으로 쓰는 것이여."

전통기법대로 만드는 상이 현대식 주거생활에도 과연 잘 맞을까.

학생독립운동의 시발점인 옛 나주역 반대편에 김춘식 옹이 있는 나주반교육전수관이 있다.

"아파트라고 해도 온돌이잖어. 온돌엔 상이 맞제. 손님을 위해서 필요
한 경우도 있고. 그렇다고 옛날 식만 고집하는 것은 아니어요. 한 번은
아들이 상다리가 보통 것보다 두 배는 길게 만들었드라고. 소파 앞에 놓
는 작은 테이블용으로 만들었다는 거여. 아 근디, 그것이 팔리드라고."

나주반장 김춘식 옹. 오랫동안 고된 작업과 나이 탓에 몸이 많이 쇠약
해졌다. 60년도 넘게 나무를 다루느라 분진을 많이 들어 마셔 천식증이
있는데 최근엔 어지럼증까지 생겼다.

흔해서 귀한 줄 모르다가 남이 가치를 알아보고 좋다고 하니 좋은 걸
깨닫는 경우가 있다. 일제 강점기. 야나기 무네요시柳宗悅는 신궁을 세
우고 광화문을 철거하려는 총독부 방침에 반대했다. 아사카와 다쿠미朝
川巧와 함께 일본에서 여론을 일으켜 광화문을 보존하게 하고 조선 민예
의 아름다움을 일본에 알렸다. 무네요시가 도쿄에 세운 민예관에 전시

돼있는 나주반 두 점은 무네요시가 나주여행 때 구입한 것이라고 한다. 지금도 적지 않은 일본인들이 이조가구*의 아름다움에 반해 비싼 돈을 구입한다. 인터넷 쇼핑몰에 가보면 나주반이라는 이름으로 팔리는 상들이 있는데, 나주반이 아닌 것에 나주반이라는 이름을 붙이고 있다. 값싼 목재로 뚝딱 공장에서 만든 것들이라 싸다. 나주반이라는 이름을 함부로 쓰지 못하게 하면 좋겠지만 쉽지 않은 모양이다.

"나주반은 튼튼한데다 구조가 단순해서 관리하기가 아주 편해요. 최소 하루에 여섯 번은 상을 닦아야 하잖아. 식사 전과 후에 한 번씩 두 번. 곱하기 세 번. 다른 상에 비해 먼지나 때가 덜 끼고 닦아내기도 편하제. 그리고 겨울에 사용할 때도 더 안전해요."

선뜻 납득하지 못하는 표정을 보고 김춘식 옹이 덧붙인다.

"겨울에는 추운께 상에 물기가 있으면 살얼음이 얼고 그러잖어요. 나주반은 다른 것들보다 변죽이 높아서 그릇이 미끄러져도 상 밖으로 잘 떨어지딜 않제."

빈틈이 많았던 옛날 집 부엌은 찬바람이 부는 겨울이면 아주 추웠다. 물기가 있는 행주로 상을 닦으면 그렇잖아도 옻칠을 해서 매끄러운 판이 더 미끄러워졌다. 아하. 변죽이 높다는 게 그런 이점이 있구나. 싸구려와는 차원이 다른 전통 나주반을 더욱 널리 알릴 필요가 있다. 천년 목사골 나주는 저절로 알려지는 것이 아니다.

---

* 조선가구라 하지 않고 이조가구라 부르는 것은 조선을 이씨가 세운 왕조라는 뜻으로 이조라고 폄하해 부른 것과 같은 맥락이다.

나주학생의거 현장에서 열린
작은 음악회

옛 나주역에서 클래식음악 전문단체 '무지크바움'이 제92회 나주학생의거일을 기념하는 작은 음악회를 열었다.

옛 나주역은 광주학생독립운동의 시발점이 된 이른바 '나주역 사건'이 일어났던 역사적인 장소다. 1929년 10월 30일 오후 다섯 시 반. 조선인 여학생 이광춘과 박기옥이 하교 후 광주에서 기차를 타고 나주역에 도착했다. 출구를 나가려 할 때 일본인 남학생들이 두 여학생의 댕기를 잡아 당기며 희롱했다. 박기옥의 사촌 남동생 광주고보 학생 박준채가 항의하며 사과를 요구했다. 후쿠다 슈조라는 일본인 학생이 "감히 조센징 주제에 뭐가 어째?" 하며 무시했다. 격분한 박준채가 후쿠다의 뺨을 후려쳤다. 아마 "이런 쪽발이 새끼가"라고 했을 것이다. 조선인 학생들과 일본인 학생들 사이에 패싸움이 벌어졌다. 3.1독립운동, 6.10만세운동과 함께 일제 강점기 3대 민족운동 중 하나인 광주학생독립운동의 불이 당겨진 것이다. 일본인 학생의 뺨을 후려친 박준채와 사촌누이 박

KTX나주역이 다른 장소에 건설된 이후 옛 나주역은 나주학생의거 기념 공간으로 보존되고 있다. 1960년대 역의 풍경을 역무원들의 인형, 영화포스터, 반공표어 같은 것들로 재현해 놓았다.

기옥은 원도심에 있는 남파고택에 살았다. 1884년 남파 박재규가 지어서 남파고택으로 불리는 한옥은 현 거주자인 후손의 이름을 따서 '박경중가옥'으로 불린다. 과거 나주의 상류주택이 어떤 것인지 잘 보여준다. 나주역 사건의 주인공들이 살았던 집이니 학생독립운동의 역사와 관련된 의미 깊은 곳이다.

92년 전 전국적인 학생독립운동의 도화선이 된 나주역사건. 훨씬 더 크게 다양한 방법으로 기념해야 할 중요한 의미가 있는 사건이다. 한일 학생 간의 충돌은 단순한 패싸움이 아니었다.

3.1운동으로부터 10년이 지난 시점. 일제의 식민교육과 정치탄압에

대한 반감은 콕!하고 찌르면 빵!하고 터질 만큼 부풀어 있었다. 학생들은 독서회 성진회 등 써클을 중심으로 토론하며 민족의식을 키우고 있었다. 나주역사건 이튿날 통학열차 안 한일 학생들간의 2차 충돌, 다음날 광주역 싸움과 시민들까지 합세한 시위, 광주에서의 2차 시위… 전국적인 독립만세 운동으로 급속하게 확산한 것은 이미 토대가 마련되어 있었기 때문이다. 매년 11월 3일 광주에서는 대규모로 학생독립운동 기념식이 열린다. 10월 30일 열리는 나주의 학생의거 기념행사도 더 크고 다양하게 개최할 충분한 이유와 의미가 있다. 한일 학생 간 충돌이 발생한 오후 다섯 시 반을 전후해 더 재미있고 성대한 행사를 기획해도 좋을 것이다. 학생독립운동 하면 으레 광주를 떠올릴 뿐 나주를 생각하는 사람은 드물다. 나주사람들은 임진, 정유왜란 때도, 구한말에도 일제침략에 맞서 의병을 일으키고, 5.18에는 시민군이 되어 전두환 반란군에 맞

옛 나주역에서 클래식음악 전문단체 '무지크바움'이 제92회 나주학생의거일을 기념하는 작은 음악회를 열었다.

나주학생의거 현장에서 열린 작은 음악회

섰다. 나주역사건은 역사의 고비마다 떨쳐 일어났던 나주사람들의 의기를 보여주는 상징적 사건이다. 더 널리 더 적극적으로 알려야 한다. 나주역과 남파고택은 학생독립운동의 진원지 탐방 나주여행 코스로 딱이다. 역사의 현장에서 열린 작은 음악회. 분위기 최고였지만 아쉬움이 남았다.

난장곡간,
나주정미소 창고의 변신

　'난장곡간'. 광주MBC 음악프로그램 '난장*'의 공연장이다. 옛 나주정
미소 창고 한 동을 리모델링했다. 나주평야에서 생산되는 쌀을 도정하
고 정부의 비축미를 보관했던 곳이다. 정미소로서 용도 폐기된 후 오랫
동안 방치되어 있었다. 나주시가 3분의 2 가량을 소유주인 나주교회로
부터 사들였다. 창고 한 동을 광주MBC 음악프로그램 난장의 공연장으
로 바꾸자고 나주시에 제안했다. 광주MBC 사내에 있는 공개홀에서 진
행하던 녹화를 나주정미소에서 진행하는 대신 제작비는 나주시가 댄다
는 데 합의했다. '난장'은 광주MBC의 인디음악 프로그램 이름. '곡간'
은 양곡의 곡과 노래의 곡이 같은 발음이라는 데 착안한 것이다. 정미소
의 양곡 보관 창고였다는 의미와 동시에 노래를 보관하는 창고라는 뜻
을 가진 노래곡간. 亂場曲間. 절묘한 작명이다. 이후 난장 공연과 녹화

---

* 광주MBC '난장' https://youtube.com/channel/UCGcKsPWEEKozmYV2gSxB9MA

정미소로서 용도 폐기된 후 오랫동안 방치되어 있었던 옛 나주정미소 창고 한 동을 광주MBC 음악프로그램 난장의 공연장으로 리모델링했다.

는 광주MBC 공개홀이 아니라 난장곡간에서 진행하고 있다.

　나주를 여행했던 지인들이 난장곡간을 둘러본 소감을 말한다.

　"어떻게 바뀌었을까 궁금했는데, 기대가 어그러졌네."

　옛 분위기를 그대로 간직하면서도 세련되게 리모델링한, 이른바 뉴트로한 건물로 재탄생했을 것으로 생각했는데 실망스럽다는 것이었다. 길 쪽 붉은 벽은 지저분하고, 안쪽 시멘트로 마감한 벽과 늘어뜨린 빗물받이 관들은 분위기를 해치고 있고, 글자들은 비례에 맞지 않게 너무 크고, 자체 또한 마음에 안 들고, 넓지 않은 창고는 뮤지션과 관객을 위한 공간으로도 부족한데 웬 사무실이 들어와 있고⋯ 등등 지인들의 지적이 끊이질 않는다. 왜 이렇게 된 것일까. 난장정미소라는 간판 밑에 적혀 있는 한자 情味笑. 정미소 발음에 해당하는 한자를 찾아 나름 멋있다고 생각하며 그러모았을 것이다. 뜻이야 짐작할 수 있다. 정이 넘치고 맛있는 음식이 있고 웃음이 끊이지 않는 곳. 하지만 난장곡간의 역사성·정체성과 어떤 연관이 있다는 것인지 알 수 없다. 누구 아이디어인지 궁금하다. 정미소精米所는 쌀을 도정하는 곳이다. 쌀은 오랫동안 주식이었고 국부의 주역이었다. 하지만 그런 시대는 지났다. 반도체를 산업의 쌀이라고 부르기도 할 정도로 국부의 주역이 달라졌다. 요즘은 문화다. 우리 문화상품이 세계를 휩쓸면서 돈을 벌어들이고 있다. K팝, K무비, K드라마, K푸드, K뷰티…. 일찍부터 문화산업의 중요성에 눈 뜬 정부가 오랜 시간 공들여 정책을 펴온 결과다. BTS, 블랙핑크, 기생충, 오징어게임이 세계적으로 히트하고 있다. 문화상품이 중요한 건 자체로 벌어들이는 수입 외에 다른 산업제품의 가치를 덩달아 높여준다는 점이다. K팝에 빠진 세계의 젊은이들은 한국 상품에 호감을 느끼고 조금 더 비싸도 사게 될 것이다.

　정미소 창고를 음악공연장으로 바꾼 난장곡간. 오랫동안 주식이었던 쌀을 도정하던 공간이 문화예술상품인 음악콘텐츠를 생산하는 공간으로 바뀌었다. 문화예술을 상징하는 한자는 아름다울 美자일 것이다. 굳이 한자로 쓰고 싶다면 나주정미소의 역사성과 시의성을 동시에 담고 있는 의미에서 精米所를 精美所로 바꿨어도 좋았지 않았을까. 난장곡간에서 열리는 공연은 녹화방송 되고 유

옛 분위기를 그대로 간직하면서도 세련되게 리모델링한, 이른바 뉴트로한 건물로 재탄생했으리라는 기대는 실망으로 바뀌었다. 길 쪽 붉은 벽은 지저분하고, 안쪽 시멘트로 마감한 벽과 늘어뜨린 빗물받이 관들이 분위기를 해치고 있었다.

튜브, IPTV, OTT 등을 통해 2차 유통된다. 나주 난장곡간이라는 이름이 계속해서 세계의 K뮤직 팬들에게 알려지고 있다. 난장은 인디음악프로그램이다. 트로트와 달리 팬 대부분이 젊은이들이다. 난장곡간에 이어 나머지 창고들의 리모델링도 추진된다. 나주정미소가 명실상부한 원도심의 보물이 될 수 있도록 하려면 어떻게 해야 할까. 답을 모르지 않을 것이다.

영산포의 유럽풍 카페 레스토랑 '영산나루'

영산포. 유년 시절 기억 속의 북적이던 영산포는 사라진 지 오래고 쇠락한 타운엔 발효홍어 냄새가 가득하다. 일제 강점기 때의 분위기가 남아 있는 거리. 타임머신을 타고 백 년 전으로 돌아간 듯한 착각에 사로잡힌다. 언덕 꼭대기에 올라 발아래 영산강과 멀리 원도심과 혁신도시를 전망한다. 영산포는 고려말 왜구의 침탈을 피해 뭍으로 나온 흑산도, 영산도 일대 영산현 사람들이 정착한 포구라 해서 붙은 이름이다. 고향에서 돛단배로 며칠이 걸리는 영산포에서는 싱싱한 홍어회를 먹을 수 없었다. 자연스레 발효된 홍어를 맛있게 먹는 법이 발전했다. 영산포 발효홍어의 역사가 600년에 이르는 까닭이다. 그런 영산포에 홍어와는 어울리지 않는 레스토랑이 있다. 홍어의 거리를 벗어난 곳에 있다.

주황색 기와를 얹은 유럽풍 건물과 근사한 정원. 철제 아치로 된 입구를 들어서면 오른 쪽 높은 곳에 성류정이라는 찻집이 있다. 정면은 영산강 쪽을 바라보고 있으니 영산나루 정원에서 보이는 문은 원래 뒷문인

주황색 기와를 얹은 유럽풍 건물과 근사한 정원. 일제 강점기에 쌀 창고로 사용되던 건물을 헐고 유럽풍 건물을 새로 지었다.

셈이다. 일제 강점기 때 신한공사라는 금융회사의 일본인 부사장이 살았던 사택이라고 이희정 대표가 설명했다. 일본 가옥으로 다다미가 깔려 있었고 일본식 미닫이문에 복도였다. 40여 년 전 이 대표가 뜯어고쳤다.

"1980년이었을 거예요. 일제 말에 지은 집이라 다다미가 다 썩어 있었어요. 전부 뜯어내고 온돌로 바꾸었어요."

대대적으로 리노베이션을 한 후 2013년에 찻집으로 바꿨다. 주변에 카페 같은 게 전혀 없던 시절이라 찾아오는 사람들이 많았다. 성류정 옆. 멋진 체형의 커다란 은목서가 서 있다. 푸른 잎사귀들 사이사이에 작고 하얀 꽃들이 피어 있다. 가까이 가니 향기로운 냄새가 코를 찌른다. 성류정 옆 붉은 벽돌집은 '나주 퀸즈 티 아카데미'다. 성류정보다 커서 여러 사람이 모여 모임을 갖기 좋다. 차 교육도 한다. 원래 동양척식회사 문서고였다. 주황색 기와를 얹은 유럽풍 본채 건물은 레스토랑이다.

"원래는 블록으로 지어져 있던 쌀 창고였어요."

문서고처럼 원래부터 있던 건물인가 했는데 아니다. 쌀 창고를 헐고 유럽풍 건물을 새로 지었다. 이렇게 지은 이유가 있을까.

"영국 여행을 다녀온 친구가 찍은 사진들을 보여주는데 마음이 끌리는 집이 있었어요. 이렇게 짓고 싶다고 설계사에게 얘기했어요. 천장을 만드는 데도 시간과 돈이 많이 들어갔어요. 힘은 들었지만 7년이 지났는데도 전혀 싫증이 나지 않아요."

깊이 있게 나무로 만든 천장. 과연 공이 많이 들어갔겠다. 새 건물에 카페레스토랑을 오픈하면서 문을 닫았던 성류정은 1년 반 정도 지나서 다시 열었다.

레스토랑 안. 2층으로 가는 계단을 오른다. 벽에 영산포와 영산나루의 과거, 대대로 살아온 이희정 대표 시댁 가족의 사진들이 걸려 있다. 한 흑백사진에는 '영산강안 하역장 일부'라는 글이 일본어로 쓰여 있다榮山江岸荷揚場の一部. 일제 강점기 때 찍은 영산강 포구의 모습이다.

2층에서는 모자 전시회가 열리고 있다. 퀸즈햇 테마전. 여성들이 쓰는 서양 모자들이 다양하다. 안쪽은 커다란 룸이다. 단체 모임을 하기 좋은 공간이다. 레스토랑 옆으로 주택이 있다. 이희정 대표 부부가 사는 집이자 게스트하우스다. 크고 작은 방 세 개에서 손님을 받는다. 각각 넷, 여섯, 열두 명까지 묵을 수 있다. 일 인당 평일엔 3만원, 주말엔 4만원을 받는다. 아침에는 간단한 토스트를 제공한다.

"나이 들어 심심타파용으로 조그맣게 찻집도 하고 게스트하우스도 하자고 생각하고 시작했는데 규모가 너무 커져버렸어요. 본격적인 일이 되어버리니 힘드네요."

처음에는 적자였는데, 소문을 듣고 많은 사람들이 찾아오면서 좋아졌다. 코로나가 터지면서 힘들어지긴 했지만 적자는 아니니 선방하고 있는 셈이다.

"오픈하고 나서 점점 손님이 늘더니 하루에 4백 명까지 왔어요. 지금은 많이 줄었지만 그래도 제법 와요. 주말엔 더 많이 오고요."

손님들 중 많은 수가 광주, 목포 등 외지에서 온다. 기왕 오는 손님들이 영산나루만이 아니라 영산포 다른 곳들도 구경했으면 좋을 텐데 그러지 않는 것 같아 이 대표는 아쉬움이 많다.

"영산포의 근대 유산을 엮어서 관광 코스를 만들어도 좋겠다 생각했어요. 영산강, 등대, 홍어거리, 쿠로즈미 가옥…, 흩어진 점들이 하나의

1층 레스토랑 내부. 깊이 있게 나무로 천장을 만드는 데도 시간과 돈이 많이 들어갔다.

레스토랑 2층에는 전시회가 열리고 있었다. 안쪽에는 단체 모임을 하기 좋은 커다란 공간이 있다.

선으로 이어지는 관광코스. 그게 잘 안 되는 것 같아요. 쿠로즈미 가옥을 보면 아쉬워요."

쿠로즈미는 일제 강점기 나주평야의 광대한 논을 차지하고 대지주로 행세했던 일본인이다. 모든 재료를 일본에서 가져와 지었다는 저택을 남겨두고 일제 패망 후 일본으로 돌아갔다. 오랜 세월이 지나 지자체가 낡은 집을 수리했다. 근대건축유산이기도 하지만 드문 일본식 저택이라 관광자원으로 활용하기에 좋았다. 전에 구경 간 적이 있었는데 특히 정원이 실망스러웠다. 제대로 된 일본식으로 조성했으면 얼마나 좋았을까.

"돈보다 의식의 문제라고 생각해요. 뭔가 제대로 된 게 있으면 그거 보러 왔다가 다른 것도 보게 되는 거잖아요. 쿠로즈미 가옥, 군산과 비교되더라고요. 영산포에는 군산처럼 근대 유산이 많아요. 도시에서 맛볼 수 없는 분위기가 있어요. 지금 역사갤러리와 도시재생사무실로 쓰

고 있는 옛날 식산은행 건물도 좋은데… 독특한 분위기를 보존하면서 예쁘고 세련되게 재생하면 참 좋을 텐데요."

"저기, 삼각지처럼 형성된 곳 있잖아요. 공원으로 조성하면 얼마나 예쁠까. 건너가는 나무다리가 하나 있으면 얼마나 좋을까. 아침 산책을 할 때마다 생각해요."

홍어거리에서 영산나루를 거쳐 재래시장까지 가는 길을 이 대표의 안내를 받아 걸었다. 조금만 신경을 써서 가꾸면 훨씬 아름다울 텐데 흔한 코스모스 꽃 하나 없다. 칠순이 넘은 나이. 이희정 대표는 여전히 젊다. 현역 의사로 일하는 남편은 광주 백운동에 있는 병원에서 환자를 보고 있다. 영산나루는 남편이 태어나 자란 곳이다. 옛날 집은 사라지고 없지만 남편은 어린 시절 이곳에서 뛰어 놀았다. 중학생 때부터 광주로 나가 공부했지만 영산포에는 언제고 다시 돌아가고 싶은 고향집이 있었다.

영산나루 부지 면적은 총 1,200평. 원래 부지에 옆의 땅을 사서 보탰다. 찻집, 카페, 레스토랑, 게스트하우스가 있다. 이 대표는 영산나루를 복합문화예술공간으로 더욱 활성화하여 더 많은 사람들이 찾아오게 하고 싶다. 영산포 전체가 멋진 관광지가 되었으면 좋겠다.

행운을 가져다주는
벼락 맞은 팽나무

금학헌琴鶴軒. 나주 목사가 거주하던 내아內衙다. 전패 궐패를 모신 지방 궁궐이자 사신이나 손님이 오면 묵던 객사인 금성관에서 가깝다. 금성관과 목사내아는 영험한 금성산을 배경으로 하고 영산강을 전경으로 하는 곳에 자리하고 있다. 삼각산을 배경으로 하고 한강을 전경으로 해 들어선 경복궁과 비슷하다. 예로부터 나주를 소경(작은 서울)이라 하는 데는 이유가 있다. 좋은 기氣가 흐르는 금학헌에서 하룻밤을 자면 행운이 온다고 한다. 나주시는 목사내아를 한옥게스트로 활용하고 있다. 큰 꿈에 도전하는 사람들이 찾아와 묵는다. 목사내아에 흐르는 좋은 기에 다시 좋은 기운을 더하는 나무가 있다. 벼락 맞은 팽나무다. 1980년대 태풍이 몰아치던 여름. 팽나무에 벼락이 떨어졌다. 두 쪽으로 갈라진 팽나무가 살아나길 기대하기 어려웠다. 나주시에서 갈라진 두 쪽을 한데 묶고 정성스레 보살폈다. 젊은 나무도 벼락을 맞으면 두 쪽으로 갈라지거나 부러지거나 시름시름 앓다가 말라 죽는 법인데 5백 살 된 금학헌 고목이 다시 살아났다. 살아난 팽나무 가운데에 치료제를 발라 메꾸었다. 금방이라도 넘어질듯 한 고목을 담장 너머 거대한 철제 기둥이 지탱하고 있다. 로또 복권에 당첨될 확률은 800만분의 1 정도고, 사람이 벼락에 맞아 죽을 확률은 약 60만분의 1 정도라고 한다. 로또 당첨 확률은 복권을 한 번 샀을 경우 계산한 것이고, 벼락은 1년 동안 전 세계 사망자 수를 갖고 계산한 것이니 단순히 비교할 수는 없다. 로또를 1년 간 매주 산다고 치면 당첨 확률은 15만분의 1 정도로 높아진다. 벼락 맞아 죽을 확률보다 높은 셈이다.

　나무가 벼락에 맞을 확률은? 벼락 맞은 고목이 다시 살아날 확률은? 5백 살 된 팽나무가 벼락을 맞았다가 부활할 확률은? 계산하기 쉽지 않을 것이나 엄청나게 낮을 것이다. 나주 목사내아 금학헌의 좋은 기운에

영험한 금성산을 배경으로 하고 영산강을 전경으로 하는 곳에 자리한 금학헌. 나주 목사가 거주하던 내아다.

1980년대 태풍이 몰아치던 여름, 금학헌 한쪽의 팽나무에 벼락이 떨어졌다. 그런데 벼락을 맞은 5백 살 된 금학헌 고목은 죽지 않고 다시 살아났다.

부활한 팽나무가 내뿜는 끈질긴 생명력이 보태졌다. 금학헌에서 하룻밤을 자면 좋은 일이 생기고 팽나무를 안고 소원을 빌면 이루어지더라는 증언이 줄을 잇고 있다. 예로부터 벼락 맞은 나무로 만든 물건은 행운을 가져온다는 믿음이 있다. 벼락 맞은 대추나무(벽조목霹棗木)로 도장과 염주를 만들고 벼락 맞은 감태나무(연수목延壽木)로 지팡이를 만드는 까닭이다. 큰 일에 도전하는 사람, 새로 사업을 시작하는 사람, 사업 실패로 좌절에 빠진 사람, 시험을 앞둔 수험생, 일이 잘 안 풀리는 사람, 행복해지고 싶은 사람들이여, 나주로 오시라. 금학헌에서 하룻밤을 자고 팽나무를 안고 소원을 빌어보시라. 하룻밤 자기 힘들면 팽나무에게 고민을 털어놓고 부탁해보시라. 행운이 찾아올 것이다. 원도심에는 행운을 가져다주는 나무가 더 있다. 목사 내아 근처에 있는 금성관 뒤. 각각 650

살 먹은 은행나무 암수 한 쌍이 있다. 둘이 합해 1,300살. 암나무는 아직도 풍성하게 열매를 맺고 있다. 목사내아의 팽나무와 더불어 알현하면 행운이 배가될 것이다. 모처럼 귀한 행운목이 나주에 있는데 그걸 제대로 써먹지 못하는 건 아쉽다. 벼락맞은 나무로 만든 도장, 염주, 지팡이 같은 물건들과 소원을 적어 거는 작은 나무팻말을 파는 숍이 있어도 좋을 것이다.

목사 내아 근처에 있는 금성관 뒤에는 각각 650살 먹은 은행나무 암수 한 쌍이 있다. 암나무는 아직도 풍성하게 열매를 맺고 있다.

세계에서 유일한 암수 한 몸의 연리목
호랑가시나무

호랑가시나무. 서울에서는 볼 수 없지만 남쪽에서는 흔한 나무다. 추운 겨울, 특히 눈이 내려 하얀 날, 무성한 푸른 잎들 사이에서 선명하게 빛나는 빨간 열매들은 매혹적이다. 서양에서 빨간 열매는 예수님이 흘린 피를 상징한다. 나뭇잎 가장자리에 가시들이 달려 있어 가지를 둥글게 엮으면 예수님이 쓴 면류관이 된다. 영어로는 할리holly 라 한다. 광주 양림동 언더우드 선교사가 살았던 집 차고* 앞에 커다란 호랑가시나무 한 그루가 있다. 높이 6미터, 밑동 둘레 1.2미터, 나이는 4백 살이 넘었을 것으로 추정된다. 가을에 맺힌 열매들이 잔뜩 달려 있어 지금 한창 예쁘다. 양림동 호랑가시나무보다 멋있고 오래된 호랑가시나무가 나주에 있다. 천연기념물 516호 상방리 호랑가시나무다. 나무 자체도 멋있지

---

* 현재는 아트폴리곤이라는 전시관. 문화기획자 정헌기 씨가 방치된 건물들을 호남신학대에서 빌려 미술관, 레지던시, 게스트하우스로 바꾸었다. 음침했던 곳이 사람들이 찾아오는 핫플레스가 되었다. 호랑가시나무 언덕은 도시재생이 뭔가를 보여주는 좋은 샘플이다.

만 담겨 있는 이야기가 흥미진진하다. 호랑가시나무는 상방리 마을회관 앞에 있다. 상방리는 오씨 집성촌이다. 임진 정유왜란 때 이순신 장군과 함께 싸운 오득린 장군이 일으켰다. 오득린 장군은 이순신 장군이 전사한 노량해전에서 끝까지 전투를 이끌었다. 마을을 일으킬 때 풍수지리를 따져보니 좌청룡에 해당하는 오른쪽이 휑하니 비어 지세가 약했다. 비보풍수 차원에서 숲을 조성했다. 지금도 마을에 남아 있는 십여 그루의 커다란 느티나무 팽나무들은 그때 심은 것들이다. 호랑가시나무도 4백수십 살이 되었다. 오득린 장군은 왜 호랑가시나무를 심었을까. 한,

상방리 마을회관 앞에 있는 천연기념물 516호 상방리 호랑가시나무. 높이 6미터, 밑동 둘레 1.2미터, 나이는 4백 살이 넘었을 것으로 추정된다.

세계에서 유일한 암수 한 몸의 연리목 호랑가시나무

중,일 민속에 호랑가시나무는 악귀를 물리치는 영험이 있다고 한다. 서양에서도 비슷하다. 켈트족신화에서 호랑가시나무는 평화와 선의를 상징한다. 가정의 행복을 지켜주는 행운의 나무다. 벼락을 막아준다고 믿어서 거주지 부근에 심었다.

마을회관 앞에 차를 세우고 호랑가시나무를 알현한다. 커다란 나무 한쪽엔 빨간 열매들이 잔뜩 달려 있는데 다른 한 쪽엔 없다. 한 그루의 나무에서 이게 어떻게 된 일이람. 입간판에 연유가 적혀 있다. '암수 두 그루를 함께 심어 연리목을 만들었다. 열매가 열릴 때는 나무 반쪽에만 열매가 잔뜩 달린다. 마을 사람들이 단결하여 사이좋게 살아가라는 장군의 뜻이 담겨 있었던 것으로 보인다.' 암수를 함께 심었다고 서로 몸이 붙어 한 그루가 되는 일은 없을 것이다. 훌륭한 이야기로 생각되지만 조금 달리 풀면 더 좋지 않았을까. 예를 들어

"땅속에서 뿌리가 얼크러지고 땅 위에서 줄기가 서로 붙더니 어느새 한 몸이 되었더라. 한시도 떨어질 수 없어 아예 한 몸이 되어버린 세계 유일의 연리목 상방리 호랑가시나무에게 빌면 사랑하는 이와 평생 해로할 수 있다" 뭐 이런 식으로 말이다.

오기영 씨(75세)는 오득린 장군의 후손으로 호랑가시나무 옆에 있는 집에 산다.

"여그 호랑가시나무 있는 디는 원래 우리 집이었어. 한우도 키우고 하는 축사가 있었는디 천연기념물로 지정한다고 해서 내가 띠어줬어. 그 뒤로 계속 한우금(값)도 올르고 그랬는디. 지금은 시에서 관리해. 한 칠팔 년 돼았으까."

오기영 어르신의 기억보다 더 빨리 상방리 호랑가시나무는 천연기념

천연기념물 516호 상방리 호랑가시나무. 암수 두 그루를 함께 심어 연리목을 만들었기 때문에 열매가 열릴 때는 나무 반쪽에만 잔뜩 달린다.

물이 되었다. 2009년 12월 30일이니 12년 전이다. 같은 때 천연기념물로 지정된 독립수가 나주에 하나 더 있다. '금사정 동백나무'다. 호랑가시나무가 천연기념물로 지정된 경우는 또 있다. 다만 독립수가 아니라 집단으로 서식하는 군락지다. 변산반도, 부안군 산내면에 있다. 독립 호랑가시나무 천연기념물은 상방리가 유일하다. 화창한 가을날인데 바람이 세다. 흔들리는 빨간 열매들이 햇살에 반짝인다. 오른쪽엔 빨간 열매들이 달려 있는데 왼쪽은 푸른 잎사귀들만 무성하다. 열매가 달린 부분이 삼분의 일쯤 되는 것 같다. 호랑가시나무의 수나무에서는 연노랑 꽃이 피고, 암나무에서는 하얀 꽃이 핀다. 지름이 7미리 정도밖에 되지 않는 작은 꽃이다.

상방리 호랑가시나무는 마을의 행복을 지켜주는 보호수다. 암수가 한 몸으로 얽혀서 5백년 이상을 해로하고 있는 사랑의 나무다. 호랑가시나무를 알현하고 마을을 둘러본다. 젊은이들은 드물고 나이 든 분들만 산다. 군데군데 폐가와 금방이라도 무너질 듯한 담장이 있다. 흥미로운 스토리를 가진 멋진 호랑가시나무를 활용해 활력이 넘치는 곳으로 만들 수는 없을까.

카페 '소감' &
나주미술관

    산포면 산제리 보리밥집 '벽오동'에서 점심을 먹고 혁신도시로 돌아오는 길. 길가에 '나주미술관'이라고 적힌 팻말을 봤다. 나주에 '시립미술관이 생겼나' 생각했다. 차를 후진시켜 골목으로 꺾어 든다. 구불구불 들어가니 주차장이 나온다. 나주미술관 전용이다. 맞은 편 마당 넓은 집은 폐가다. 블록담은 금방이라도 넘어질 듯 위태롭다. 차를 세우고 걸어 올라간다. 코를 스치는 향긋한 냄새. 국화꽃 향기다. 국화꽃이 담긴 화분들이 많이 놓여 있다. 작은 정원은 잘 꾸며져 있다. 국화꽃 화분들, 국화 분재들, 군데군데 파라솔 달린 테이블들. 정원 가장자리에 카페와 갤러리가 기역字로 들어서 있다. 카페는 지어진 지 얼마 안 됐고, 갤

정원 가장자리에 카페와 갤러리가 기역 자로 들어서 있다. 작은 정원은 국화꽃 화분들과 분재들, 군데군데 파라솔 달린 테이블들로 잘 꾸며져 있다.

러리는 옛 건물을 리모델링한 것임을 금방 알 수 있다. 갤러리 오른 쪽 언덕에 높이 자란 소나무 한 그루와 분재 같은 소나무들이 심어져 있다. 갤러리 뒤 한 칸 높은 곳에 너른 뒷뜰이 있고 파라솔 달린 테이블과 형형색색 크고 작은 테트라포드들이 놓여 있다. 바람을 넣은 비닐풍선들이다. 설치 작품인가 보다. 뒷뜰 한쪽은 대나무숲이다. 커다란 감나무에 감들이 주렁주렁 달려 있다. 꼭대기에 커다란 말벌집이 얹혀 있다. 그 아래 놓인 테이블에 나이 지긋한 사람들이 앉아 있다.

자그마한 카페 '소감'. 사방이 유리라 밖이 내다 보인다. 주인으로 보이는 여성이 에그 타르트를 만들고 있다. 카페 '소감'의 이윤화 대표. 세 딸과 아들 하나를 둔 엄마다. 대학에서 디자인을 전공했다. 남편은 서양 회화과를 나왔지만 전업화가로는 사는 게 어려워 함평에 있는 특수학교

미술교사로 일한다.

"여긴 남편이 태어나고 자란 고향집이에요. 시어머니가 돌아가시고 아버님 혼자 계셔서 광주에 살다 내려왔어요."

시아버지 마저 돌아가시고, 코로나로 갇혀 지내는 울적한 기분을 달래려고 잠실을 차 마시며 쉴 수 있게 고쳤다. 방문한 지인들이 "너무 좋다"고 감탄했다. 남편 퇴직 후 하고 싶었던 카페와 미술관을 더 빨리 하고 싶어졌다. 카페는 새로 지었고 잠실은 갤러리로 고쳤다.

"공사하는 데 1년 정도 걸렸어요. 지난 달 오픈했으니까 한 달 남짓 지났네요."

제빵 기술은 아이들 간식용으로 만들어주면서 익힌 것이고 커피는 본격적으로 배웠다. 바리스타 2급 자격증을 땄다. 정원 곳곳에 놓여 있는 멋진 국화 분재들은 남편의 작품이다. 광주와 서울에서 여러 차례 전시회를 연 화가인 남편의 분재 솜씨가 보통을 넘는다.

"함평의 특수학교에 근무하면서 배웠어요. 함평이 국화로 유명하잖아요. 십년 남짓 분재를 했는데 함평 국화꽃대전에서 분재 대상을 세 번 탔어요."

디자인과 회화를 전공하고 분재까지 하는 부부. 카페와 갤러리를 운영하는 데는 더할 나위 없는 조건을 갖추고 있다. 천 평 정도의 부지에 과하지도 덜하지도 않게 조성한 정원과 카페와 갤러리. 평일인데도 사람들이 많다.

"여기서 카페와 미술관을 한다니까 동네 사람들이 누가 이런 데까지 찾아오겠냐고 했어요."

하긴 시골의 나이 든 분들의 눈으로 보면 이해가 안 갈 것이다. 카페

사방이 유리로 된 자그마한 카페 '소감'. 밖에는 각종 분재가 전시되어 있고 작은 미술관도 보인다.

하기 불리한 자리 같은 건 없다. 예쁘고 독특하고 사진 잘 나오는 곳이면 어디든 찾아가는 세상이다. 오픈한 지 얼마 지나지 않았는데 어떻게 알았는지 사람들이 제법 찾아온다.

"앞으로 틀림없이 더 많은 사람들이 찾아오겠네요. 제가 보기에 그래요. 나도 지나가다가 이런 데 웬 카페 미술관? 하고 들어왔으니까요."

잠실을 고친 작은 미술관에서는 시인이자 한글회화의 거장인 금보성 작가의 작품들이 전시되고 있다. 여섯 째 형님의 지인인 금보성 작가에게 미술관 오프닝 전시를 부탁했더니 직접 내려와 잠실을 살펴보고 그랬단다. 안에 놓인 테이블에 앉아 커피를 마시는 사람들. 아이를 데려온 젊은 부부도 있고 친구들로 보이는 여성들도 있다. 아기자기 예쁜 정원.

미술관에서는 시인이자 한글회화의 거장인 금보성 작가의 작품들이 전시되고 있다.

멋드러진 국화 분재들과 함께 잘 생긴 소나무들과 노란 잎이 무성한 회화나무가 눈길을 끈다.

"아이들을 낳을 때마다 한 그루씩 심었어요. 황금 회화나무는 넷째를 낳고 심은 건데 8년만에 저렇게 컸네요."

정원에 서서 보면 오른쪽 미술관 뒤로 큰 소나무 한 그루, 왼쪽 카페 뒤로 큰 감나무 한 그루가 심어져 있다. 주렁주렁 감이 달린 감나무는 백 년된 고목이고 시아버지가 심었다는 소나무도 솔찬히 나이를 먹었다. 카페 이름 '소감'을 보고 왜 저렇게 지었을까 궁금해하는 걸 알았는지 이윤화 대표가 먼저 설명한다. 남편이 지은 건 아내가 맘에 안 들고 아내가 지은 건 남편이 맘에 안 들어 고민하다가 손님들이 '소나무와 감나무가 멋있다'는 말을 듣고 소나무와 감나무에서 한 자씩 따와 소감으로 지으면 어떨까 했다. 소감所感이 아니었다. 그렇더라도 손님들이 흔히 아는 소감(느끼는 바)으로 받아들여도 되고, 설명을 들으면 그대로 고개가 끄덕여지니 잘 지은 이름이다.

카페 소감 & 나주미술관은 내년 개교를 목표로 공사가 한창인 한국에너지공과대학 뒤편에 있는 산포면 송림리 한 가운데 있다. 더 널리 알려지면 훨씬 많은 사람들이 찾아올 것이다. 다만 좁은 진입로 때문에 소방차가 들어올 수 없어서 문제다. 진입로와 더불어 주차장도 미리 넓게 확보해둘 필요가 있겠다. 전혀 그럴 것 같지 않은 곳에 아기자기 잘 꾸며놓은 정원을 가진 카페와 작은 미술관. 나주에 매력적인 공간들이 늘어나고 있다. 반가운 일이다. 나주 인구가 12만인데 시립미술관 하나 없다. 시립미술관도 만들고 크고 작은 사설 미술관도 많이 생기고 화가들 예술가들이 살고 싶어하는 도시가 되면 좋겠다. 역사문화도시는 구호로 만들어지는 것이 아니다.

나주에서도
한라봉이 나온다

'송촌 한라봉마을' 차를 타고 가는데 커다란 입간판이 눈길을 사로잡았다. 호기심이 발동했다. 일전에 송촌마을(성북동)에서 농협의 김기열 감사와 이동훈 농민을 만났을 때 나주 한라봉 애기를 들은 기억이 있다. 김기열 감사가 그랬다.

"전에는 콩마을이었는디 젊은 사람들이 한라봉 농사로 바꿨어."

오기영 씨. 9년 전부터 900평 비닐하우스 안에서 한라봉을 재배하고 있다. 온실 안. 샛노란 한라봉들이 주렁주렁 매달려 있다. 장관이다. 봄에 맺히기 시작한 열매가 다 자랐다. 이대로 익기를 기다리다가 내년 1월에서 3월 사이에 출하한다. 송촌마을에서 한라봉 농사를 하는 가구는 15호 정도. 나주시 전체로는 60호가 넘는다. '한라봉연

구회'에 등록한 농가가 50호 정도, 미등록 농가가 15호 정도 된다. 오기
영 씨의 300평짜리 비닐 하우스 세 동에서 생산하는 한라봉은 3,000 박
스 정도 된다. 박스는 3kg 짜리와 5kg짜리 두 종류가 있다. 한 박스에 2
만원 이상 하니 금액으로 6~7천 만원쯤 된다. 다른 농사도 하니 일년
수입은 나쁘지 않다.

　육지에서 한라봉 재배가 나주에서 맨 처음 시작된 걸 아는 사람은 드
물 것이다. 나주에 이영길이란 선구자가 있다. 올해 팔순이 된 이영길
옹은 원래 멜론 농사를 했단다. 일찍부터 일본 농민들과 긴밀하게 교류
했는데 일본의 지인이 묘목을 보내와 심었다. 나주에 온 제주도 농민이
'이 귀한 걸 어떻게 구했냐'며 놀랐단다. 이후 제주도 농민들이 한라봉
을 대량 재배하기 시작했다. 이름도 '한라봉'으로 붙였다. 나주에서는
'골든벨 오렌지'라는 이름으로 불렀다는데 압도적 물량의 제주도 한라

봉에 밀릴 수밖에 없었다. 지금은 그냥 '나주한라봉'이라 부른다.

"마트에서 나주 한라봉이 제주도산보다 비싸게 팔립니다. 색깔도 좋고 향도 좋고 당도가 높고 맛이 좋아요."

토질, 기후 등 여러 가지 요인이 있을 거란다.

"그렇다면 나주한라봉 브랜드를 개발해 마케팅을 하면 좋을 텐데요."

"농민들이 하기는 쉽지 않아요. 지자체가 해야지."

나주에서는 배 아닌 과일들도 생산된다. 여름에 소비되는 다른 지방 멜론과 달리 한 겨울에 출하하는 세지* 멜론은 특히 유명하다. 배, 멜론, 한라봉†… 브랜딩과 마케팅으로 지금보다 더 부가가치를 높이려는 노력을 해야 한다. 과일만이 아니다. 농민의 말처럼 지자체가 할 일이다.

---

* 나주 세지면에서 나기 때문에 세론이라는 이름이 붙었다. 우리 나라에서 가장 유명하고 비싼 멜론이다. 품질에서 전국 최고다. 1년에 세 번 수확하는데 거의 다 서울 가락시장으로 간다. 정작 지역에서는 세지 멜론 맛을 보기 어렵다. 시세 등락에 따르는 어려움이 있지만 멜론 농사를 하는 농민은 그래도 경제 사정이 괜찮다고 한다. 현 시세는 5키로 한 박스에 5만원이란다. 나쁘지 않다. 70농가에서 연간 3천톤 정도 수확한다. 매출액으로 백수십 억에 달한다. 나주는 배만 유명한 게 아니다. 한라봉, 멜론 등도 최고품이 난다.
† 한라봉이라는 이름. 제주도 한라산에서 딴 한라는 그렇다 하더라도 봉은 왜 붙였을까. 유래를 알아보자. 한라봉의 오리지널은 1972년 나가사키현에 있는 농림수산성과수시험장에서 키요미淸見와 나카노中野3호 폰칸을 교배시켜 만들어낸 시라누히다. 일전에 만난 나주 한라봉 재배 농민은 한라봉이 일본의 부지와와 데꼬봉이라고 말했다. 부지와는 부지화不知火로 시라누히라고 발음한다. 최초로 재배되기 시작한 지역의 이름을 딴 것이다. 데꼬봉은 시라누히 중에서 가장 유명한 브랜드로 정확한 발음은 데코폰 또는 데꼬뽕デコポン에 가깝다. 데코폰이라는 이름을 사용하려면 당도 13도 이상, 구연산 1.0 이하 등 일본의 '전국통일당산糖酸품질기준'을 충족시켜야만 한다. 한라봉의 봉은 농민이 데꼬봉이라고 발음한 데코폰의 폰에서 왔을 가능성이 크다. 데코는 튀어나온 것이다(요철=데코보코). 다만, 봉은 봉우리의 봉이기도 하니 한라봉의 솟아오른 꼭지를 표현하기에 안성맞춤이다. 절묘한 작명이 된 셈이다.
암튼 나주 한라봉. 어떤 지역 한라봉보다 맛있고 향도 좋고 때깔도 좋다는데, 엄격한 품질기준을 만들어 관리하면서 최고급 브랜드로 만들어 가면 좋지 않을까.

요거트 카페
'하이그릭'

혁신도시 호수공원으로 가는 길. 상야1길과 상야2길이 만나는 코너에 '카페 하이그릭'이 있다. 수제 그릭요거트와 커피, 티 등 다양한 음료와 빵을 판다. 그릭요거트는 일반적인 요거트에서 유청을 빼서 만든다. 우유를 8~12시간 정도 발효시켜 요거트를 만든 다음 14시간 동안 압착하여 유청을 뺀다. 꼬박 24시간이 걸린다. 보통 요거트보다 단백질은 두 배 늘어나고 지방 함량은 반으로 줄어든다. 그릭요거트에 포함된 칼슘, 인은 뼈를 튼튼히 하고 프로바이오틱스 성분은 장을 건강하게 해주어 변비 해소에 도움을 준다. 건강한 다이어트 식품으로 몇 년 전부터 서울에서 인기를 끌고 있는데 지방에서는 아직 널리 알려지지 않았다.

하이그릭의 대표는 문지수 씨다. 물들인 머리에 마스크를 쓰고 있어서 젊은 아가씨인 줄 알았는데 스물일곱 아들과 대학에 다니는 딸을 둔 엄마다. 광주 출신으로 나주에서 컴퓨터 판매 업을 시작한 남편을 따라 직장을 그만두고 이사 온지 이십 년이 훨씬 지났다. 그 전엔 KT에서

상야 1길과 상야 2길이 만나는 모퉁이에 자리한 수제 그릭요거트 카페 하이그릭.

CS(고객서비스) 강사일을 하는 직장인이었다. 하이그릭을 오픈한지는 두 달 남짓. 그 전에는 2년 정도 감성카페라는 커피 체인점을 운영했다. 혁신도시의 많은 상가들이 텅텅 비어 있지만 하이그릭이 있는 거리는 사람 왕래가 많은 곳이다. 하루 종일 회사원들이 좀비처럼 배회한다고 해서 좀비골목으로 불리기도 한다. 좀비골목이라고 해서 일에 지쳐 축 늘어진 사람들이 돌아다닌다는 뜻인가 했는데 전혀 아니다.

"혁신도시에서는 장사가 잘 되는 곳이어요. 그런데 돈 벌기는 쉽지 않아요."

감성커피를 운영하는 2년 동안 너무 힘들었다. 한 달에 330만원 하는 비싼 월세 때문에 하루에 열 시간 넘게 노동하고 자기 인건비를 벌기도 벅찼다. 1, 2층 복층으로 돼있는 카페 공간은 1층만 대략 이십 평 쯤 될까, 별로 넓다는 느낌은 안 든다.

"죽어라 일해서 월세 내고 나면 남는 게 없어요. 남 좋은 일만 하는 것 같기도 하고, 그만두려고 내놨는데 안 나가요."

커피 체인점에 내는 로열티라도 절약하려고 계약기간 만료를 기다려 그릭요거트 점으로 바꿨다. 반응이 괜찮다. 뭐든 하면 철저히 하는 성격 탓에 그릭요거트를 만들어도 제대로 만들기 때문일 것이다. 소비자들도 그걸 알아보는 것 같다. 카운터 뒤에서 키가 크고 호리호리한 청년이 분 주하게 움직인다.

"아들입니다. 카페 일을 도와주고 있어요."

감성커피를 인수하기 전까지는 원도심에서 브런치카페를 운영했다. 피자와 파스타 같은 음식과 음료수를 팔았다. 일이 너무 많아 힘들었다. 카페 위층에 살면서 게스트하우스도 운영했다. 원도심 나주천변에 있는 '라떼르'다. La Terre라고 쓴다면 땅이란 뜻이다. 지금 라떼르 일은 남편 이 하고 문지수 대표는 혁신도시에서 하이그릭과 공방 하나를 운영하고 있다. 하이그릭에서 떨어진 빌딩 안에 있는 공방에선 도라지 정과 등을

만든다. 온라인으로 주문 받아
판매한다. 공방으로 쓰고 있는
점포의 월세는 30만원으로 아
주 싸다. 같은 혁신도시 안에서
도 장사가 잘 되는 곳과 안 되
는 곳의 차이가 극명하다. 장사
는 예전만 못하다고 한다. 호수

공원에 가까운 '라끄비앙' 같은 카페는 주말에도 손님들이 많지만 다른
곳은 영 장사가 안 된다. 주말이 되면 전세버스를 타고 서울로 올라가는
사람들이 많은 탓도 있다. 손님들이 없으니 많은 가게들이 주말이면 문
을 닫고 쉰다. 중심가에서 조금만 떨어지면 텅텅 빈 상가들이 즐비하다.
혁신도시 상가 공실률이 무려 70%에 달한다. 건물 전체가 거의 비어 있
는 곳도 있다. 안 팔리는 부지 분양한다고 상가의 비율을 과도하게 높여
준 것이 가장 큰 원인이다.

　상황이 녹록치 않지만 문지수 씨는 씩씩하다. 필요하다고 생각되면
지역사회의 변화를 위해 발 벗고 뛸 준비가 돼 있다.

　"좋은데 뭐가 무서워서 남의 눈치 보고 숨기고 그럽니까. 저는 그런
것 없어요. 한다면 해요."

　두 자녀를 둔 어머니. 워킹우먼. 그러면서도 지역사회의 문제와 정치
에 관심의 끈을 놓지 않고 고민하는 사람. 지역사회의 변화를 위해 필요
하다고 생각하면 행동하는 여성. 지역사회에 꼭 필요한 이들이다. 문지
수 대표는 일전에 만났던 문평 명하쪽빛마을 최경자 선생이랑 아주 친
하단다. 내가 만나보고 싶은 사람 이름을 대면 또 잘 안다. 모두 지역을

변화시키기 위해 나름의 방식으로 열심히 활동하는 이들이다. 상야 1길과 상야 2길이 만나는 모퉁이를 지나다가 하이그릭 간판이 보이거든 들어가 보시라. 키가 큰 청년이 맞이하면 문지수 대표의 아들이고, 청년은 안 보이고 여성이 맞이하면 문지수 대표다. 책에서 봤다고 아는 체 해보시라. 문 대표가 직접 만든 수제품 그릭요거트에 서비스가 따라 나올 수도 있다. 그릭요거트에 음료를 곁들이면 더 좋다. 하이그릭에서 문 대표가 직접 만드는 수제 샌드위치 도시락도 일품이다.

금사정 동백나무,
나주 선비들의 절개를 증언하다

　　동백은 지조와 절개의 상징이다. 사시사철 푸른 잎사귀와 추울수록
더 빨갛고 화려하게 피어나는 꽃에서 변치 않는 충정과 불굴의 의지를
떠올리는 건 자연스럽다. 샛노란 꽃술과 새빨간 꽃잎을 가진 동백꽃을
보면 왠지 모르게 마음이 설렌다. 다른 꽃에서는 느낄 수 없는 느낌. 선
정적이다. 가슴을 흔드는 마력이 있다. '사랑'은 동백꽃의 여러 꽃말 중
하나다. 나주 왕곡면 송죽리에 대한민국 최고의 동백나무가 있다. 금사
정錦社亭 동백나무. 홀로 서 있는 독립수로 상방리 호랑가시나무와 함께
2009년 천연기념물 515호로 지정되었다. 나라의 관리를 받는다.

　　조선 중종 때(1519) 벌어진 기묘사화. 급진 개혁을 밀어붙이던 조광조
는 수구세력의 극렬한 반발을 산다. 유배를 떠난 능주(지금의 화순)에서
사약을 받고 유명을 달리한다. 따르던 선비들에게도 피바람이 닥쳤다.
임붕, 나일손, 정문손 등 나주 출신 선비들은 고향으로 돌아가 훗날을
기약하기로 한다. 나주로 돌아온 열한 명의 선비들은 금강결사를 조직

16세기 조광조를 따르던 나주 출신 선비들이 기묘사화 이후 금강결사를 조직하고 그 의미를 담은 금사정을 세우고 동백나무를 심었다. 2009년 천연기념물 515호로 지정되었다.

한다. 금강십일인계. 낙향 후 십 년이 지났다. 열한 명의 선비들은 금강결사의 의미를 담은 금사정을 세우고 동백나무를 심는다. 정자에 모여 학문을 논하고 어지러운 세상사와 이상적인 개혁 정치를 토론했다. 동백나무를 보며 '어떤 어려움도 이겨내고 언젠가 반드시 개혁정치의 이상을 꽃피우자' 다짐했으나 뜻을 실현할 날은 오지 않았고 선비들은 모두 세상을 떠났다. 그 후 오백년, 금사정과 동백나무는 한결같이 자리를 지키며 선비들의 지조와 절개를 증언해왔다.

　높이는 6미터, 뿌리 근처 밑동의 둘레 2.4미터. 오백 년 연륜에 걸맞게 줄기는 굵고 단단하다. 떨어져서 보면 커다란 브로콜리 같다. 아직 꽃은 피지 않았고 푸른 잎만 무성한데도 과연 혼자서 천연기념물로 지정될 만큼 멋지다. 한 자리에 선 채 우여곡절 인간의 역사를 오랜 세월 묵묵히 지켜봐온 증언자다. 금사정은 임진왜란 때 불타 없어진 것을 1665년에 재건하고 1869년에 수리했다. 지금의 금사정은 1973년에 새로 지은 것이다. 사방이 탁 트인 정자가 아니라 벽과 문들로 둘러싸여 있다. 문을 열고 들어간다. 하얀 회칠을 한 천장과 목재들이 만들어내는 분위기가 정답다. 굽은 나무들을 약간만 다듬어 사용했다. 여름이면 방문을 활짝 열고 멀리 들판을 바라보며 앉아 쉴 수 있을 텐데 그럴 계절이 아니다.

스토리가 넘치는 나주. 나무들도 예외가 아니다. 노목을 찾아 옛날 이야기를 듣는 재미가 솔찬하다. 금사정 동백나무. 빨간 동백꽃이 피면 얼마나 아름다울까. 떨어진 동백꽃 한 송이 주워 간직하고 싶다.

하늘의 빛깔을 빚어내는
색의 마술사 정관채

나주는 예로부터 쪽 염색으로 유명하다. 어느 곳보다 푸른 색 염료의 재료인 쪽이 많이 난다.

20세기 초 영산포 선착장은 전국 각지는 물론 일본과 중국에서까지 배를 타고 쪽 염료를 사러온 상인들로 북적였다. 논밭 작물 대신 쪽을 심는 농가들이 늘어나 국가에서 쪽 재배를 금할 정도였다. 그 이유가 있다. 영산강은 유달리 범람이 잦은 강이다. 광주 담양 화순 장성 등에서 흘러드는 물줄기에 바닷물까지 밀고 올라오는 나주는 장마철이면 극심한 홍수 피해에 시달렸다. 다시면 샛골도 걸핏하면 수해 피해가 잦은 곳이었다. '용추골 처녀가 오줌만 싸도 홍수가 나고 비 세 방울만 내려도 물이 진다'는 말이 있을 정도였다. 담양 용추골은 영산강 발원지다. 농민들은 홍수가 나 곡식농사가 망할 경우 생계 수단이 되어줄 대체작물을 심어야 했다. 쪽은 물에 강하고 염료를 만들 수 있는 환금성 작물이라서 나주 사람들이 쪽을 많이 심은 건 자연스런 일이었다. 국가중요문

2000년 마흔세 살의 나이로 국가중요문화재가 된 정관채 염색장.

화재 115호 정관채 염색장의 어머니도 쪽 염색을 했다.

정관채 염색장은 2000년 마흔세 살의 나이로 국가중요문화재가 되었다. 문평면에서 대대로 쪽 염색을 해온 고 윤병운 선생과 함께 나주에서 동시에 두 사람이 국가인간문화재가 되었다.

"국가인간문화재가 된 기념으로 동네잔치를 열었어요. 플래카드에 윤병운 선생의 이름과 내 이름을 같이 적었어요. 당시 윤 선생님의 연세는 일흔한 살이었어요. 쪽염색을 계속한다는 것이 얼마나 힘든지 해본 사람은 알거든요. 젊은 사람이 나이 드신 분 존중하는 마음이 갸륵하다, 달리 봤다고 어느 분이 말씀하시더라고요."

국가인간문화재에게는 후진 양성에 쓰라는 전승자금으로 매달 175만

원씩 국비가 지원된다. 전시회를 열 때는 따로 신청을 해야 한다. 해외 전시의 경우 교통비와 숙식비 등을 지원받을 수 있다. 농촌에서 쉽지 않은 대학 공부까지 한 청년이 어떻게 쪽 염색을 하게 된 것일까.

"어머니도 쪽 염색을 하셨어요. 옛날에는 쪽으로 물들인 혼수품을 해 가느냐 아니냐에 따라 며느리에 대한 시어머니의 대우가 달라졌다고 해요. 시어머니가 사돈댁에서 보내온 혼수이불을 살짝 들쳐보고 참물(쪽물)로 물들인 거면 덩실덩실 춤을 추고 깡물(싸구려 화학염료)로 물들인 거면 쳐다보지도 않았다는 거 아닙니까."

그러나 1960년대, 무명 대신 화학섬유가 나오자 상황이 급변했다. 싸고 질기고 간편한 옷이 나왔는데 누가 힘들게 쪽 염색을 하려 하겠는가.

"어머니도 쪽 염색을 그만두셨어요. 전통 쪽 염색의 맥이 끊어진 겁니다."

1978년, 미술대학 2학년 때였다. 스승인 박복규 선생이 쪽의 씨앗을 주며 재배해보라고 권했다. 박복규 선생은 실은 서울의 ○○일보 예용해 논설위원의 부탁을 받은 것이었다. 인간문화재에 관한 책을 쓰기도 한 예용해 선생은 한국에서 쪽의 전통이 끊긴 것을 애석해했다. 일본에서 구해온 쪽씨를 제자인 박복규에게 주며 말했다. '쪽 재배지로 영산강 유역만한 데가 없네'. 박복규 선생은 샛골에 사는 제자 정관채를 떠올렸다. 스승의 권유를 받은 제자는 쪽을 재배하고 쪽 염색 전통을 되살리는 일에 매달리기 시작했다.

"대학까지 다니는 젊은 놈이 도대체 뭐하는 건지 모르겠네."

사람들이 수군거렸다. 스스로도 걱정이 되지 않는 게 아니었다. '이 일로 먹고 살수 있을까. 장가는 갈 수 있을까.' 그러면서 생각했다. '내가

정관채 전수교육관에서는 문화재청 지원을 받아 쪽 염색을 제대로 정립하기 위한 교육에 공을 들이고 있다.

안 하면 쪽 염색의 전통은 완전히 사라지고 말지도 몰라. 농부의 자식이면서 미술대학에 다니는 내가 아니면 누가 하겠는가.'

대학을 졸업한 후 쪽 재배에 성공하고 쪽 염색 전통을 복원했다. 다행히 단절된 기간이 그리 오래되지 않은지라 큰 어려움은 없었다. 1984년 쪽빛으로 물들인 무명천을 들고 스승인 박복규 교수와 함께 예용해 선생을 뵈러 상경했다. 예용해 선생은 쪽빛 무명천을 앞에 두고 "와, 쪽빛이 바로 이런 색이구나" 하면서 감탄했다. 사라진 줄 알았던 쪽빛이 눈앞에서 찬란한 빛을 발하고 있었다.

모교인 영산포고등학교에서 미술교사를 모집했다. 아홉 명이 응모했는데 한 명 뽑는 자리에 운 좋게 합격했다. 이미 염색 일을 한 경력이 6~7년이었다. 아내가 은행에서 일한 덕분에 마음 편히 쪽 염색 일을 할 수 있었다. 그래도 천연염색 일은 힘들고 외로운 길이었다. 그런데 1990

년대 중반이 되면서 상황이 변하기 시작했다. 세계적으로 친환경, 생태 같은 단어들이 화두가 되자 덩달아 천연염색에 대한 관심도 높아졌다.

"지칠 만하면 천연염색을 배우고 싶다고 사람들이 찾아왔습니다. 대학에서 아예 버스를 타고 단체로 몰려오는 경우도 있었어요."

금년에 정관채 교사는 37년 동안 재직했던 영산포고등학교를 정년퇴직했다.

"교사로 일하는 틈틈이 염색 일을 하다가 방학이 되면 집중적으로 하곤 했는데 이제 정년퇴직을 했으니 온전히 염색 일에만 매달릴 수 있게 되었습니다."

간혹 취미로 하겠다는 사람들이 있는데 쪽 염색 일은 결코 쉬운 일이 아니라고 말한다.

"쪽 염색을 제대로 하려면 쪽의 재배부터 쪽 염료 제조, 염색까지 모든 과정을 능수능란하게 할 줄 알아야 합니다. 그러지 않고 대충 염색만 하면서 쪽염색 전문가 행세를 하는 사람들이 있어요. 나는 이 일을 44년째 하고 있지만 아직도 걱정이 많습니다."

정관채 전수교육관에서는 쪽 염색을 제대로 정립하기 위한 교육에 공을 들이고 있다.

"1년에 교육프로그램을 다섯 번 운영하고 있어요. 한 달에 두 번, 금요일과 토요일에 수업을 합니다. 1년 내내 다섯 팀을 돌아가며 가르칩니다. 문화재청 지원을 받아서 하는지라 수강료는 없습니다. 지원자들의 경쟁률이 보통 몇 대 일 정도 됩니다. 왜 쪽 염색을 배우려고 하는지, 배워서 무엇을 할 계획인지 등의 글을 꼼꼼히 읽고 교육생을 뽑습니다."

쪽 염색은 1년 배워서는 안 된다. 첫 해는 기초반이고, 이듬해는 전문

전수교육관 옆에 있는 전시장 안에 쪽물을 들인 천, 쪽염색 제품들이 전시돼 있다. 지갑, 쿠션, 커튼, 발, 보자기, 베갯잎, 전등 갓, 장식용 소품들까지 종류도 다양하다.

가반이다. 수강생들은 염료 만드는 법부터 제품생산까지 전 과정을 마스터해야 한다. 다른 색들은 자연에 존재하지만 쪽빛은 자연에서 바로 재현할 수 없다. 쪽 염색이 다른 천연염색보다 까다롭고 어려운 까닭이다. 쪽 염료는 인디고라고 하는데 우리나라에서는 여뀌과의 1년초 식물인 쪽에서 청색 염료를 얻는다. 인도는 목람나무 잎, 대만과 중국 화북지방에서는 뽕잎처럼 생긴 하루해살이풀에서 얻는다. 인디고 플랜트라고 불리는 식물은 세계적으로 3백 종이 넘는다. 삼복더위에 채취한 쪽을 물에 담가두면 발효를 시작한다. 조개껍질이나 콩대를 태워 얻은 재를 섞어 휘젓는다. 산화와 환원이라는 화학적 변화와 미생물이 작용하여 일어나는 발효의 과정을 거쳐 녹색 풀에서 남색(쪽빛)을 내는 염료가 만들어진다. 전수교육관 마당 한 켠에 깊이 파인 구덩이가 있고 재가 남아 있다. 그 옆에 큰 굴 껍질 더미가 있다.

"굴 껍질은 어디서 구하나요?"

"포장마차에 가면 얼마든지 있어요. 가져가면 좋아해요. 쓰레기니까."

"굴 껍질을 불에 구우면 온도가 1000도까지 올라가요. 옛날에는 면마다 옹기 굽는 가마가 있었잖아요. 거기서 굴 껍질을 구웠어요. 나는 마당에 구덩이를 파고 여기서 굴껍질을 태웁니다."

녹색 풀잎에서 우러난 색은 노랑에서 시작해 회색, 보라, 연두, 녹색, 초록, 청록색, 파랑으로 변한 다음 마침내 남색(쪽빛)으로 변한다. 많은 시간과 공이 들어가고 고도로 숙련된 경험이 필요한 복잡한 과정이다. 쪽물에 담그는 횟수에 따라 색은 연한 옥빛부터 짙푸른 현색玄色까지 변한다. 장인의 손에서 조금씩 미묘하게 다른 쪽빛 천들이 태어난다. 파란 물이 빠질 틈이 없는 장인의 손은 마법의 손인 셈이다. 그는 3천 평 밭에서 직접 쪽을 재배한다. 전수교육관 바깥 쪽 밭에 베어내지 않은 쪽이 그대로 남아 있었다. 재배한 쪽은 염료를 만드는 데 쓰고, 학생들을 가르치는 데도 필요하다.

전수교육관에서는 1년에 한 번 여름 방학이 시작되면 2박 3일 공개 행사를 한다. 전국에서 2백 명 정도 되는 사람들이 참여한다. 마을에 게스트하우스나 호텔이 있는 것이 아니니 대충 마을 집에 분산해 머문다. 숙소 등 편의시설이 부족해 더 많은 사람들을 받고 싶어도 못한다. 아예 샛골에 들어와 거주하며 쪽염색 일을 하겠다는 이들이 있다. 벌써 두 명이 정가마을에 둥지를 틀었다. 쪽 염색가들이 한 열 명 정도만 같이 살면 샛골이 하나의 큰 문화의 장이 될 수 있을 거라 생각한다. 전수교육관 옆에 있는 전시장 안에 쪽물을 들인 천, 쪽염색 제품들이 전시돼 있다. 지갑, 쿠션, 커튼, 발, 보자기, 베갯잎, 전등 갓, 장식용 소품들까지 종류도 다양하다. 그런데 쪽염색 제품들이 과연 소비자들의 마음과 지갑을 열 수 있을까.

"수작업을 하니 시간이 많이 걸립니다. 인건비를 계산하면 비쌀 수밖에 없어요. 평범한 제품을 누가 비싼 돈 주고 사려하겠어요. 수준 높고 개성 있는 작품을 만들어야 합니다. 작가 이름 자체가 브랜드가 되어야 해요. 명품에 버금가는 제품을 만드는 것도 가능하다고 생각합니다. 리

정관채 염색장은 3천 평 밭에서 직접 쪽을 재배한다. 전수교육관 바깥 쪽 밭에 베어내지 않은 쪽이 그대로 남아 있었다.

전수교육관 마당 한 켠에 깊이 파인 구덩이에서 굴 껍질을 태워 재를 얻는다. 삼복더위에 채취한 쪽이 물에 담겨 발효를 시작하면 이 재를 섞어 휘젓는다. 산화와 환원이라는 화학적 변화와 미생물이 작용하여 일어나는 발효의 과정을 거쳐 녹색 풀에서 남색(쪽빛)을 내는 염료가 만들어진다.

바이스가 창사기념으로 만든 청바지 두 벌 중 하나를 일억 오천만 원에 파는 걸 본 적이 있어요. 미국의 리바이스 청바지처럼 나주 쪽바지 브랜드를 만들 수도 있지 않을까요."

정관채 염색장은 아이디어가 넘친다. 개성 있고 세련된 디자인을 하고 스토리텔링을 통해 쪽 제품을 널리 알리면 얼마든지 경쟁력을 가질 수 있다고 믿고 있다. 자연염료로 물들인 쪽염색 제품은 아토피와 각종 알레르기 증상을 개선하는 효과가 있다고 한다.

"옛날 귀한 물건을 담아두는 함 안에 쪽물을 들인 종이를 붙인 것도, 귀한 책의 표지를 쪽물 들인 천으로 만든 것도 다 좀먹지 않고 오래 보관하기 위한 것이었어요."

쪽에 들어 있는 성분이 항균작용을 한다. 쪽에 들어있는 성분을 추출해 항암제로 투여한 결과 백혈병 치료에 효과를 보였다는 연구도 있단다. 쪽 염색은 폴리에스테르나 나일론 같은 인공섬유는 안 되지만 비단 무명 모시 삼베 같은 천연 소재로 만든 천에는 얼마든지 염색이 가능하다. 정관채 장인은 쪽 염색을 활용한 상품 60가지 정도를 기획했다. 고급제품과 함께 일상생활에서 사용할 수 있는 제품을 만들어 널리 보급할 필요가 있다.

"옛날에 웬 교수들이 쪽 염색 과정을 보고 싶다 길래 오라고 했어요. 내가 직접 만든 쪽 국수로 점심 대접을 했어요. 무슨 국수 색깔이 이러냐고 신기해 하더라고요."

그의 말을 들으며 음식이든 어디든 쪽빛을 나주의 상징색으로 내세워 컬러마케팅 수단으로 사용하는 것도 가능하지 않을까 하는 생각이 들었다. 촌스럽게 무슨 컬러 마케팅이냐고 할 사람들이 있을지 모르겠지만 컬러마케팅으로 성공한 지역이 있다. 노랑색을 군의 상징색으로 내세워 효과를 보고 있는 장성, 최근 유엔 세계관광기구 총회에서 최우수 관광마을 중 한 곳으로 선정된 신안군 퍼플섬(반월도와 박지도) 같은 곳이다. 나는 노랑이나 퍼플보다 쪽빛이 훨씬 아름답다고 생각한다. 자연, 역사, 문화, 인물. 풍부한 자원을 활용해 나주를 유명한 관광지로 만들고 나주에 가면 꼭 사야 할 제품 리스트에 쪽으로 만든 제품이 들어가게 할 필요가 있다.

나주에는 정관채 전수교육관 말고 천연염색박물관도 있다. 교육관과 박물관이 힘을 합하면 큰 시너지를 낼 수 있지 않을까.

　"2003년인가 김대중 대통령이 순시 차 내려오셨을 때 천연염색박물관 건립을 약속하셨어요. 천연염색 산업을 활성화하라고. 정부에서 백억 가까운 돈을 지원해준 것으로 아는데 박물관 운영이 생각만큼 활발하지 않아요. 아쉬워요."

　박물관에는 쪽염색 공방과 제품을 파는 숍들도 있다.

　"나주에서 생산되는 것이 아닌 염료를 가져다 천연염색이라고 하고 있습니다. 그건 아니라고 생각해요. 큰돈을 들여 염색공장도 지었는데 시운전도 못해보고 방치돼 있어요. 돈을 준다니 애초에 꼼꼼한 조사도 없이 덜컥 공장부터 지었기 때문입니다."

　더 자세한 이야기는 듣지 못했으나 뭔가 잘 안 되는 사정이 있는 것은 틀림없다. 쪽으로 나주를 널리 알리고 쪽산업을 활성화해 나주 경제에 보탬이 되게 하는 방안을 진지하게 연구할 필요가 있다.

　"나주는 지금보다 훨씬 더 많이 문화에 힘을 쏟아야 합니다. 내가 대충 적어보니 나주가 문화로 돈을 벌 수 있는 길이 쉰일곱 가지 정도 됩니다. 나주가 가진 역사문화자원을 돈이 되게 만들어내는 것. 그것이 나주가 가야 할 길입니다."

40년 넘게 한 우물만 파온 장인의 말에 묵직한 현실감이 있었다.

왕건과 버들낭자,
완사천에서 타오른 사랑의 불꽃

후삼국 시대. 태봉국 궁예 휘하의 장군 왕건은 견훤의 후백제군과 십
년 넘게 전쟁을 하고 있었다. 금성(나주)의 영산강 일원은 왕건과 견훤이
후삼국의 패권을 놓고 쟁투를 벌인 전장이었다. 왕건이 화공으로 견훤
의 수군을 크게 무찌른 덕진포전투를 계기로 힘의 균형추가 기울었다.
왕건이 어느 날 영산강 목포(현재의 목포와 다르다)에 정박한 배 위에서 멀
리 금성산 자락을 바라보니 오색구름이 찬란했다. 말을 달려 찾아가보
니 우물가에서 아리따운 처녀가 빨래를 하고 있었다. 말을 걸 구실이 필
요했다.

"물 한 바가지 청해도 있겠소?"

처녀가 바가지로 우물물을 뜨더니 한 손을 뻗어 우물가에 드리운 버
드나무 줄기에 달린 잎사귀들을 훑었다. '무슨 짓을 하는 거지?' 궁금증
이 이는 순간, 처녀가 훑은 잎사귀를 물바가지 위에 띄웠다.

"급하게 마시다 체하실까 염려되옵니다."

왕건과 버들낭자가 처음 만나 사랑이 싹튼 우물 완사천은 나주시청 가기 전 사거리 가장자리 작은 공원 안에 있다. 우물은 공원에서 움푹 꺼진 곳에 있어 돌계단을 내려가야 한다.

예쁜데다 지혜롭기까지 하다. 왕건의 가슴이 뛰기 시작했다. 벌컥벌컥 물을 다 마시고 바가지를 건네는 순간 시선이 마주쳤다. 파파팍. 불꽃이 튀었다. 아가씨는 나주 호족 오다련의 딸이었다. 왕씨와 오씨, 예성강 세력과 영산강 세력의 결합으로 후삼국 통일의 토대가 마련되었다.

초심을 잃은 궁예가 폭군이 되어 날뛰자 신하들이 합심해 그를 몰아냈다. 후덕한 인품으로 두루 존경을 받던 왕건이 왕위에 올랐다. 고구려를 계승한다는 뜻으로 나라 이름을 고려로 정했다. 버들낭자는 장화왕후가 되었다. 둘 사이에 태어난 아들 무武는 왕건의 뒤를 이어 고려의 2대왕 혜종이 되었다. 훗날, 무가 태어난 동네를 흥룡동興龍洞이라 하였다.

버들잎 물바가지 이야기를 아는 사람은 많으나 그 현장이 나주에 있다는 사실을 아는 사람은 드물 것이다. 왕건과 버들낭자가 처음 만나 사랑이 싹튼 우물이 나주에 있다. 완사천浣沙川*이다. 혁신도시에서 빛가람대교를 건너 끝까지 직진하면 나주시청이다. 완사천은 시청 가기 전 사거리 가장자리 작은 공원 안에 있다. 장화왕후 유적비, 왕건과 버들낭자의 동상, 우물이 있다. 우물은 공원에서 움푹 꺼진 곳에 있다. 땅을 깊게 판 다음 사방에 석축을 쌓고 만든 것 같다. 우물로 가려면 돌계단을 내려가야 한다. 시골 동네 빨래터 우물의 자연스런 모습과는 거리가 멀다. 우물 한켠에 물바가지를 들고 있는 처녀상이 서 있다. 버들낭자일 것이다. 상을 주조한 솜씨는 세련됐다고 말하기 힘들다. 예쁘고 총명한 아가씨라는 느낌이 들지 않는다.

왕건과 버들낭자의 만남을 형상화한 동상은 우물에서 떨어진 곳에 세워져 있다. 왕건은 말을 탄 채로다. 투구와 갑옷 차림에 칼을 차고 있다. 시선은 아래를 향하고 있고, 왼손은 버들낭자 쪽으로 쭉 뻗었다. 물을 달라. 아랫사람에게 명령하는 듯하다. 표정은 근엄하달까 무표정하달까. 아무런 감정이 없다. 버들낭자는 바가지를 올려놓은 왼손을 왕건을 향해 내밀고 있다. 오른손은 공손하게 왼손 옆에 붙였다. 말에 탄 왕건을 바라보는 시선은 위를 향하고 있다. 발뒤꿈치를 들고 있다. 무표정하다. 왕건이 탄 말은 땅 위에 있고 버들낭자는 물 가운데 놓인 작은 돌 위에 위태롭게 서 있다. 왕건과 버들낭자 사이의 거리는 멀다.

가까운 곳에 '고려왕건태조비' '장화왕후오씨유적비'가 거북이 등을 타고 서 있다. 옆에 서 있는 비석에는 황황록이 새겨져 있다. 비를 세

---

* 중국 춘추전국시대 말기 왕소군, 초선, 양귀비와 함께 중국 4대 미인 중 한 명인 서시의 고사에서 유래한 듯. 서시가 빨래를 하던 시내를 완사계浣沙溪라고 하였다(浣=빨다, 沙=모래, 溪=시내).
참조: <노성태의 남도 역사이야기>, 전남일보.

왕건과 버들낭자의 만남을 형상화한 동상은 우물에서 떨어진 곳에 세워져 있다. 투구와 갑옷 차림에 칼을 찬 왕건은 말을 탄 채이며 왼손을 버들낭자 쪽으로 쭉 뻗고 있다. 버들낭자는 바가지를 올려놓은 왼손을 왕건을 향해 내밀고 있다.

운 뜻이 적혀 있다. 고려 태조 왕건과 장화왕후의 러브스토리는 나주의 훌륭한 스토리텔링 자원이다. 그런데 재현된 완사천의 모습은 아쉬움이 많다. 우선 공원의 위치와 접근성이 아쉽다. 왜 현재의 옹색한 위치에 만들었을까. 완사천의 자리는 정확히 고증된 것일까. 고증이 불가하다면 굳이 현재의 자리를 고수할 필요가 없을 것이다.* 다음으로 우물과 동상이 함께 있었으면 좋았겠다. 왕건과 버들낭자는 우물가에서 만났다. 우물가에서 사랑의 불꽃이 튀었다. 마지막으로 현재의 왕건과 버들낭자의 동상은 두 사람의 관계를 완전히 상하의 권력관계로 표현하고 있다. 한 사람은 명령하고 한 사람은 명령을 따르는 관계에서 사랑의

* 김재구 기자에 의하면 당시의 목포는 지금의 영산포 택촌, 완사천은 나주고앞 왕건샘(원님샘)이다.

감정을 느끼긴 쉽지 않다. 예쁜 아가씨에게 마음이 끌려 말을 걸 핑계로 물 한 잔을 청한 젊은 장군이라면 당연히 말에서 내려 한 손으로 말고삐를 잡고 다른 손으로 공손히 물을 청해야 맞을 것이다. 그래야 오씨 처녀는 홍조 띤 얼굴로 버들잎을 띄운 물바가지를 수줍게 건네지 않았겠는가. 두 사람의 눈높이는 같거나 약간만 차이가 나야 할 것이다. 사랑의 감정이 싹트는 순간이다. 시선의 차이는 권력의 차이다.

사랑하는 연인들, 결혼을 앞둔 처녀총각들, 러브스토리를 좋아하는 사람들. 모두가 더 편하고 쉽게 완사천을 찾아와 왕건과 장화왕후의 이야기를 감상하고 즐기며 쉴 수 있으면 좋을 것이다. 우물물도 떠먹여주고, 소원도 빌고, 기념품도 사고. 세계적으로 통용되는 이름 코리아왕조를 세운 왕건과 그 부인의 러브스토리는 세계 어느 나라 사람이 들어도 충분히 매력적이다. 나주를 알리고 사람들을 끌어들일 수 있는 좋은 소

가까운 곳에 '장화왕후오씨유적비'가 거북이 등을 타고 서 있고 옆의 비석에는 황황록이 새겨져 있다.

재다.

"나주에 와서 완사천을 구경하고 왕건과 장화왕후에게 소원을 빌면 사랑은 이루어질 것이고 둘 사이에 태어날 2세는 크게 출세할 것이다."

없는 이야기도 만드는 판에 있는 이야긴데 적극 활용하지 않는대서야 아깝지 않은가.

'3917마중',
지역 활성화의 마중물이 되다

금성관 앞은 곰탕거리다. 3대 곰탕집이라는 하얀집, 남평할매집, 노안집 말고도 탯자리 곰탕, 사매기곰탕 등 많다. 어느 집 곰탕 맛이 최고인지는 각기 의견이 다르겠지만 어느 집을 들어가든 실망시키지 않는다. '원조 나주곰탕 맛보기' 여행만으로도 나주여행은 충분히 가치가 있다. 더구나 KTX, SRT를 타면 서울에서 두 시간이 채 안 걸리니까. 그런데 곰탕 먹으러 오는 사람들로 북적이는 금성관 앞과는 달리 거리는 한산하다. 원주민들은 금성관, 목사내아, 향교, 4대문을 자랑스레 여기지만 경복궁, 덕수궁, 긴 성벽, 잘 정비된 한옥마을을 본 사람들에게 어지간한 건조물들이 깊은 인상을 남기긴 힘들다. 외지인들이 느끼는 매력은 다른 데 있다. 좁은 골목, 정겨운 흙담, 고택과 새로 지은 한옥, 세련되게 재생된 건물들, 개성 있는 카페, 맛있는 음식, 재밌는 체험거리. 대도시에서 보기 어려운 풍경과 공간이 있어야 한다. 흥미로운 스토리가 있으면 금상첨화다. 유명한 관광지는 점으로 산재하는 매력적인 자원이

'복합문화공간 3917마중'은 4천 평 부지에 난파정, 난파고택(목서원), 시서헌 등 일곱 채의 건물이 들어서 있다.

서로 이어져 선을 이루는 곳이다. 여러 선들이 종횡무진 얽혀 면을 이루고 매력적인 콘텐츠로 가득 채워진 곳이다.

나주 원도심. 알고 보면 볼거리들 먹을거리들이 제법 있는데도 곰탕 먹으러 가는 데라는 이미지가 강하다. 최근 다른 이유로 원도심을 찾는 이들이 늘고 있다. '복합문화공간 3917마중' 때문이다. 하얀 집에서 곰탕을 먹고 금성문에서 시작해 목사내아, 서성문, 향교까지 걷는다. 옛날에 쓰던 물건들을 닥치는 대로 모아 전시하고 있는 '째깐한 박물관'은 들어가면 한참 시간을 보내야 한다. 서성문을 빙 돌아 나주천 방향으로 걸으면 나주향교다. 지위고하를 막론하고 누구든 말에서 내리라는 대소인원개하마大小人員皆下馬 비석을 지나 조금 더 가면 오른쪽에 '3917마중'으로 가는 좁은 골목이 있다. 조금 들어가면 왼쪽이 '마중', 오른쪽이

난파고택 뒤쪽의 작은 동산 위에는 작은 정자가 있고 벤치들이 놓여 있다. 정자가 있는 언덕의 왼쪽에는 을미 의병장 난파 정석진의 아들 정우찬이 아버지를 위해 지은 제각인 난파정이 있다. 난파정은 현재 게스트하우스로 사용된다.

향교다. '마중'의 담은 없는 것이나 마찬가지고 향교의 담은 낮으니 좌우의 풍경이 한 눈에 들어온다. 성균관 못지않은 향교는 그것만으로 훌륭한 볼거리인데 '마중'은 바로 옆에서 향교의 풍경과 정취를 독점하고 있다.

'복합문화공간 3917마중'은 4천 평의 부지에 난파정, 난파고택(목서원), 시서헌 등 일곱 채의 건물이 들어서 있다. 39라는 숫자는 난파고택이 지어진 1939년, 17은 마중이 오픈한 2017년을 의미한다. 높이 솟은 야자수들이 북쪽에서 볼 수 없는 이국적 풍경을 선사하고 있는 정원엔 은행나무 금목서 은목서가 멋진 자태를 뽐내고 있고, 화려하지 않은 화초들이 곳곳을 장식하고 있다. 난파정과 난파고택은 게스트하우스로 쓰이고 있고 곳간은 카페가 되어 있다. 난파고택 뒤쪽은 작은 동산이다.

동산 위에 서면 마중의 정원이 내려다보인다. 맨 위에는 작은 정자가 있고 벤치들이 놓여 있다. 벤치 아래 바닥에 깔려 있는 것은 철거된 고택의 지붕을 덮고 있던 기와다. 난파정은 정자가 있는 언덕의 왼쪽에 위치하고 있다.

난파는 구한말 나주 역사에서 빼놓을 수 없는 인물인 정석진의 호다. 나주 향리였던 정석진은 동학농민군이 나주성을 공격할 때 수성군을 지휘하며 맹렬히 싸웠다. 동학군을 물리친 공을 인정받아 해남군수에 임명되었지만 1895년 단발령에 반발해 일어난 의병에 가담했다. 임지인 해남군수로 부임한 직후 체포돼 나주로 압송되어 참수되었다. 난파정은 정석진의 큰 아들 정우찬이 아버지를 위해 지은 제각이고 난파고택(목서원)은 정석진의 손자가 어머니를 위해 지은 가옥이다. 한국 일본 서양의 양식을 절충해 지은 건물로 건축학적으로도 가치가 있다는 평가를 받는다. '마중'의 마당 한 구석에 둥그런 돌들을 쌓아놓은 돌무더기가 있다. 동학혁명 때 나주읍성을 지키던 수성군이 농민군을 향해 발사한 것들이란다. 마당을 정리할 때 나왔다는데 귀중한 역사적 유물 아닌가. 동학혁명 관련 기념관이나 역사박물관 같은 데서 소장해야 할 것 같은데 그럴 가치까지는 없는 건가.

오랫동안 폐허로 방치돼있던 공간을 매입해 나주읍성 관광의 핵으로 키워낸 '마중'의 남우진 대표를 만났다.

"2015년이었어요. 나주는 아는 선배가 곰탕 먹으러 가자고 해서 따라온 게 처음이었습니다. 당시 난파고택이 매물로 나와 있었어요. 사람들은 이 집만 사려고 했고 소유자인 금하장학회는 전체를 다 팔고 싶어 했어요."

총 2,400평의 부지 중 경사진 언덕이 천 평이고 나머지가 천사백 평이었다. 천사백 평에서 지금은 주차장과 산책길로 조성돼 있는 대밭과 작은 숲은 거의 쓸모가 없었다. 다른 사람들 눈에는 쓸모없게 보였던 땅이 남우진 대표의 눈에는 반대였다. 난파고택의 보존 상태와 주변 환경이 너무 좋았다. 그는 전주에서 기업의 노무·인사·금융 관련 컨설팅 회사를 운영하면서 지역사회의 여러 모임들에도 적극 관여했었다. 기업인들 모임, 포럼 등의 사무국장을 여럿 겸임할 정도로 열심히 사회활동을 했다.

"40대가 넘어가면서 내가 하고 싶은 걸 해보고 싶다는 생각이 강해지더라고요. 문화사업을 해보고 싶었어요. 전주가 한옥마을로 유명한 관광지가 되는 것을 지켜보면서 다음은 나주라는 생각을 했어요. 전라도라는 이름이 전주와 나주에서 왔잖아요."

금하장학회가 소유한 2400평 부지에 주변에 있는 폐가들까지 더해 총 4천 평을 매입했다. 사업을 하면서 익힌 안목으로 판단컨대 당장 큰 수익을 올릴 수는 없겠지만 미래를 생각하면 가능성이 충분했다. 그러나 오랫동안 방치돼있던 공간을 정리하는 일은 보통일이 아니었다. 전주와 나주를 왕복하며 잡목과 가시덤불을 제거하고 쓰레기를 치우는 데만 몇 달이 걸렸다.

"전주 한옥마을에 '봄'이라는 이름의 근대 건축물이 있어요. 봄을 중심으로 한옥마을 문화가 돌아간다고 해야 할까요. 사단법인 마당이 포럼, 강연, 문화예술 공연 등을 진행합니다. 전북에 있는 주요 문화기획자 네트워크의 중심 공간 역할을 하고 있어요."

남 대표는 난파고택을 보면서 전주 한옥마을의 봄을 떠올렸단다.

"마중이 봄처럼 나주의 좋은 여건과 자원을 묶어내는 중심, 나주 문화

마중의 정원은 높이 솟은 야자수들이 북쪽에서 볼 수 없는 이국적 풍경을 선사한다. 2021년 12월에는 나주 최초로 전라남도 민간정원 제16호가 되었다.

관광 네트워크의 코어가 됐으면 좋겠다는 생각을 했습니다."

귀신 나올 것 같던 곳이 천지개벽을 했다. 오픈 3년 만인 2020년 '마중'은 제1회 전라남도 예쁜 정원 콘테스트 공모전에서 우수상을 받았다. 2021년 1월에는 문체부의 전통한옥 브랜드화 지원 사업 대상에 선정되었고, 12월에는 전라남도 민간정원 제16호가 되었다. 나주에서 전라남도 민간정원으로 선정된 곳은 마중이 최초이자 유일하다. 오픈 후 4년 동안 혼신의 힘을 다해 일했다. 가장 큰 고생은 육체적인 것보다 정신적인 것이었다. 외지에서 들어와 수천 평 땅을 산 남우진을 보는 나주 사람들의 시선이 곱지 않았다. '적당히 개발해서 땅값 오르면 팔고 떠나겠지.' 투기꾼이 아니라는 걸 말로 설명할 수는 없는 노릇이었다. 원주민들과 어울리며 끊임없이 대화하고 성과를 만들어 보여줄 수밖에 없었다. 혹시라도 좋지 않은 소리가 나올까봐 지자체에 도움을 청하지 않았다. 그런데도 나주시에서 무슨 큰 지원이라도 받는 것으로 오해하는 사람들이 있단다. 날이 갈수록 달라지고 알차지는 공간을 보면서 주민들의 시선도 달라지기 시작했다. "외지에서 와 고생한다, 우린 왜 이렇게 못했을까, 나주를 위해 큰 일 한다"고 격려해주는 사람들이 늘었다.

"남편이 전주에서 컨설팅 회사를 운영할 때는 거의 매일 모임에다 술과 골프였어요. 조금 여유롭게 살고 싶어서 나주로 왔는데 지역사회에 적응하는 게 사업하는 것보다 힘들었어요. 술을 마셔야 할 때가 많았어요. 2년 정도 지났을 때 급성췌장염에 걸렸습니다. 덕분에 지금 남편은 술을 못 해요."

남우진 대표의 아내 기애자 씨 얘기다. 남편과 함께 마중의 공동대표다. 화순에서 태어나 서울에서 유년기를 보내고 다시 화순으로 돌아와

원래 곳간이던 곳은 마중 카페가 되어 있다.

중고등학교를 다녔다. 대학생활은 전주에서 했다. 그런 이력이 낯선 곳에서 정착하는 데 도움이 되는 듯하다. 부부는 같은 대학교 캠퍼스 커플이다. 삼십대 말에 나주로 와 사십대 중반이 된 남편의 4년 후배다. 남대표가 큰 틀에서 마중의 사업 방향을 정하고 하드웨어를 조성하는 일을 한다면 아내는 그 속을 채우는 일에 힘을 쏟고 있다. 곰탕 말고 색다른 로컬 먹거리를 개발해 관광자원으로 만들고 있다.

"나주 하면 배잖아요. 특산품인 배의 부가가치를 높이기 위해 다양한 시도를 하고 있어요. 배 음료와 양갱을 개발하고, 배로 양갱을 만드는 체험교실도 열고요. 유명한 나주 소반에 차린 나주 배 한 상을 개발했는데 손님들 반응이 아주 좋아요."

코로나로 관광객을 상대로 하는 많은 사업들이 직격탄을 맞았다. 하지만 '마중'은 생각만큼 타격을 입지 않았다. 특히 올해, 나주가 어디 있는지도 모르고 나주에 생전 올 일이 없던 사람들이 많이 찾아온다.

"매스컴을 많이 탄 덕분입니다. 해외에 사는 교포가 보고 귀국한 김에 한 번 와보고 싶었다고 서울에서 찾아온 경우도 있어요."

나주의 젊은 유튜버들이 운영하는 채널 '오지는 오진다'가 마중을 소개했는데 조회 수가 무려 165만회를 넘었다. 여러 방송 프로그램에도 소개되고 드라마와 영화에도 나왔다. 항일혁명투사 정율성을 그린 영화 '경계인'이 이곳에서 촬영했고, JTBC 드라마 '알고 있지만'에서 양도혁의 할아버지가 운영하는 게스트하우스로도 나온다. 길지 않은 기간에 이렇게 많은 미디어에 등장하기도 쉬운 일이 아니다. 한 군데 소개되면 다른 데서도 관심을 갖는 미디어의 속성도 있겠지만 홍보 마케팅의 중요성을 아는 남우진 대표의 노력이 효과를 거두고 있는 셈이다. 나주는 지금보다 열배 백배 홍보 마케팅에 힘을 쏟아야 한다.

"마중은 지역재생 사례 중에서 특이한 사례입니다. 관이 아니라 민간이 주도적으로 지역을 성공적으로 재생하고 있는 사례는 흔치 않아요. 최근 '마중'이 지역재생, 문화자산 활용, 민간 공동체 활성화 영역 분야의 성공사례로 거론되면서 전국에서 노하우를 공유해달라, 강의를 해달라는 요청이 많이 들어옵니다."

남우진 대표가 생각하는 '마중'의 가치는 뭘까.

"나주라는 지역의 정체성을 외부인에게 보여주는 공간으로서 가치가 있습니다. 그동안 나주가 갖고 있는 많은 자산이 외부에 제대로 알려지지 않았어요. 가끔 여행 작가나 전문가들이 방문하고 소개하는 경우가 있었지만 나주는 곰탕 먹으러 가는 데, 슬쩍 살펴보고 지나가는 데라는 이미지가 강했어요. 그런데 마중을 찾아오는 손님들 중에는 문화예술에 관심이 있고 인문학적 소양을 갖고 있는 분들이 많아요. 그런 분들에게 새롭게 나주를 바라볼 수 있도록 해주는 공간으로 마중을 활용하자는 게 처음 제가 생각했던 겁니다."

'마중'은 열여섯 명에게 일자리를 제공하고 있다. 여전히 힘들고 수익을 내고 있지는 못하지만 빠른 속도로 성장하고 있다. 한 번 다녀간 사람들이 다시 찾아오고 나주에 관해 궁금한 것이 있을 때 자문을 구해온다. 자연스레 마중은 나주에 관한 정보센터 홍보 센터 역할을 하고 있다. 5년간의 직접 체험에 근거한 남우진 대표의 나주 관광에 대한 생각은 깊고 넓다. 고정관념에 사로잡히지 않은 창의력, 추진력, 사람을 오게 하는 홍보 마케팅 능력. 이 모든 것들이 지금 나주에 절실히 필요한 것들이다.

양옥과 한옥 양식이 버무려진 난파고택 목서원의 모습.

"지금까지 나주에는 '마중' 같은 곳이 없었습니다. 읍성권이 많은 사람들에게 노출되도록 하는 데 마중이 도움이 되고 나주와 더불어 성장할 수 있으면 좋겠습니다."

전주에서 온 젊은 사업가 부부가 폐허로 방치돼있던 나주의 공간을 아름답게 바꾸었다. 사람들에게 곰탕 먹는 것 말고도 나주읍성을 찾을 이유를 하나 더 제공했다. 곰탕거리에서 마중까지 구경하며 걸을 수 있는 동선이 만들어졌다. 읍성 안을 가로지르는 이런 동선들이 더 많이 생겨야 한다. 동선을 따라 작은 박물관, 갤러리, 개성있는 카페들이 가득 들어차야 한다. 나주읍성은 전주 한옥마을보다 뛰어난 관광지가 될 수 있는 조건을 갖고 있다. 나주사람들 스스로 어디 하나 대표적으로 내세울만한 곳이 없다고 말하지만 하기 나름이다. 단기간에 이룬 상전벽해의 성공사례를 '마중'이 보여주고 있지 않은가.

영산포
'사직동 그 가게'

"걱정을 해서 걱정이 없어지면 걱정이 없겠네."

가게 유리창에 적힌 문장이 눈길을 사로잡는다. 티베트 속담이란다. 가슴 안으로 쏙 들어온다.

영산포 이창동. 전혀 뜻밖의 장소에 뜻밖의 이름을 가진 티베트 수공예품들을 파는 가게가 생겼다. '사직동 그 가게' 처음으로 문을 여는 날. 공식 오픈 시간 직전에 찾아갔다. 가게 문을 열고 들어가자 사람들이 있다. 남자 둘 여자 셋. 손님인가. 아니었다. 열린 방안에 남자 한 명 더. 책과 물건을 정리하고 있다.

"뻬마님, 계신가요?"

"예? 뻬마님을 아셔요?" 깜짝 놀란다.

실은 가게를 찾기 전 '1989삼영동커피집'의 김지니 대표한테 간단하게 얘기를 들었다. 뻬마(=연꽃)로 불리는 남현주 대표. 자그마한 체구에 나이보다 훨씬 어리게 보이는 얼굴을 하고 있다. 어떻게 해서 영산포 한

영산포 이창동에서 티베트 수공예품들을 파는 '사직동 그 가게'.

적한 도로변에 티베트 수공예품 가게를 냈을까?

"나주에 왔다가 왠지 모르게 그냥 마음이 끌렸어요."

"그런데 '사직동 그 가게'는 뭔가요?"

"인도 다람살라에 티베트 난민들이 살고 있잖아요. 지도자는 달라이 라마고요. 거기 있는 티베트 난민들이 만드는 수공예품을 가져다 파는 곳이에요."

이십 몇 년 전. 빼마는 스무 살이 갓 넘은 나이에 인도 여행을 했다. 다람살라를 방문해 티베트 난민들의 사정을 알게 됐다. 이후 다람살라와 서울을 왕래했다. 다람살라에서 사귄 남자 친구와 결혼을 했다. 2002년 빼마는 남편인 잠양과 함께 한국으로 돌아왔다. 1년 반 정도 부모님과 함께 살며 티베트 난민들을 도울 방법을 고민했다. 난민들이 만든 수공예품을 팔아 얻은 수익금으로 난민들을 지원하는 활동을 시작했다. 2003년 빼마는 남편 잠양과 함께 다람살라로 돌아갔다. 1년 중 11개월은 다람살라에서 보내고 한 달 정도만 한국에서 지냈다. 2005년 티베트 난민의 경제적 문화적 자립을 지원하기 위해 다람살라에서 록빠(=친구)라는 단체를 만들었다. 티베트 난민 부모들이 자립을 위해 일할 수 있도록 지원하는 무료 탁아소를 만들고 티베트 수공예품을 만드는 여성 작업장을 마련하고 판매점을 열었다. 어린이 도서관을 설립하고 티베트어로 된 동화책을 출판하고 록빠 페스티벌 같은 문화 프로젝트를 진행했다.

2010년. 록빠를 지원하는 한국 활동가들이 십시일반 마련한 1,150만 원으로 서울 사직동에 티베트 수공예품을 파는 '사직동 그 가게' 1호점을 오픈했다. 코로나 사태가 터지면서 관광이 불가능해지자 다람살라에 있는 가게는 문을 닫았다. 2021년 12월 27일. 나주 영산포에 '사직동 그 가게' 2호점을 오픈했다. 1호점 2호점 공히 운영비를 제외한 수익금 전액은 티베트 난민 어린이와 여성을 지원하는 프로젝트에 기부한다. 오프닝 날. 영산포 2호점에 빼마는 남편 잠양과 함께 있었다.

"두 분 다 여기 계시면 서울에 있는 1호점은 어떻게 해요?"

"서울에 있는 남편이 영산포점 오픈 때문에 내려왔어요. 실은 우리가 없어도 서울 가게 운영에는 아무 문제가 없어요. 스무 명쯤 되는 활동가들이 돌아가며 지원합니다."

티베트 난민을 돕고 싶어 하는 사람들이 꽤 되는 것 같다. 한국에 들어와 있는 티베트인은 얼마나 될까.

"수십 명쯤 될까요. 그렇게 많지 않아요."

'사직동 그 가게'에서 파는 수공예품에는 생활용품도 있고 장식용품도 있다. 기증받은 책을 판매하는 헌책방도 겸한다.

나주에는 한 명도 없다. 그런 나주에 '사직동 그 가게' 2호점이 문을 열었다. 그것도 사람 왕래가 많지 않은 영산포 한적한 도로변에. 언뜻 이해하기 어려울 수도 있겠다.

"장사가 잘 되면 더 좋겠지만 그게 다가 아녜요. 이 공간이 나라를 잃었지만 60년 넘게 평화로운 방법으로 그 문화를 지켜나가고 있는 티베트를 알릴 수 있는 곳이었으면 좋겠어요. 평화의 이름으로 삶의 다양성을 추구하는 친구들을 많이 만나고 싶습니다."

"그렇더라도 사람들이 많이 사는 도시가 더 낫지 않을까요?"

"아니요. 늘 한적한 곳에서 살고 싶었어요. 우리가 하는 일의 분위기

랑도 어울리잖아요. 게다가 영산포가 맘에 쏙 들었어요."

어떤 불리한 점, 어려운 상황도 어떤 사람 앞에서는 아무 것도 아니게 되는 경우가 있다. 빼마가 그런 사람 아닐까. 빼마는 '사직동 그 가게' 2호점을 지역의 활동가들과 함께 운영해나갈 생각이다. 벌써 다섯 명 정도의 지원 활동가들이 생겼다. 가게 안에 있던 두 여성 활동가는 혁신도시에 살고 있다. 아무런 대가를 바라지 않고 의미 있다고 생각하는 일을 위해 자기 돈과 시간을 아낌없이 바치는 이들. 우리 사는 세상이 만인의 만인에 대한 투쟁 같은 느낌이 들 때도 있지만 여전히 살만한 까닭이다. '사직동 그 가게'에서 파는 수공예품에는 생활용품도 있고 장식용품도 있다. 기증받은 책을 판매하는 헌책방도 겸한다. 혹 읽지 않는 책이 있다면 가져다주면 좋을 것이다. '사직동 그 가게'에서는 짜이라고 하는 인도 차茶도 살 수 있다. 영산포에 좋은 가게가 생겼다. '사직동 그 가게'에서 선한 영향력이 동심원처럼 퍼져나가길 기대한다.

수제맥주집
'트레비어'

"송 PD님, 홍어로 몇 가지 신 메뉴를 만들었는데 맛보러 오세요."

혁신도시에서 수제맥주집 트레비어를 경영하는 고형석 대표다. '핑크 피쉬' 프로그램 이야기를 들려준 지 얼마 지나지 않았을 때였다. '핑크 피쉬'는 홍어에 접근하려 하지 않는 사람들도 좋아할 새로운 개념의 홍어 요리를 제시하고, 전라도를 홍어와 연결시켜 조롱하는 일베류 인간들을 비판한 11부작 다큐 시리즈다. 광주MBC 최고의 PD들(백재훈 최선영)이 만들어 2년 넘게 방송했고 방송계의 상은 거의 다 탔다. 방송 후 광주 양동시장에 다큐가 제시한 아이디어를 활용해 새로운 개념의 홍어 레스토랑 '핑크피쉬 레스토랑'이 생겼다. 광주시 산하 경제고용진흥원, 광주서구청, 양동시장 상인회가 광주MBC의 협조를 받아 실현했다. 600년 역사를 가진 영산포 홍어의 거리가 있고 제작비 일부를 지원한 나주시는 정작 아무런 시도도 하지 않았다. '핑크피쉬' 이야기를 듣고 바로 실행하다니. 고형석 대표의 번개 같은 추진력에 놀랐다. 저녁 때 트레비어에 들렀다. 홍어 살코기를 넣은 피자, 홍어애를 사용한 감바스, 홍어 만두를 맛봤다. 후각이 아주 예민한 사람이라면 몰라도 발효한 홍어냄새를 맡기 어려웠다. 모두 맛있었다. 다 먹고 난 후 살짝 훅하고 홍어 특유의 냄새가 났다.

"모르고 먹으면 전혀 홍어가 들어갔다고는 생각하지 못할 것 같네요."

"셰프님이 여러 차례 시행착오를 겪고 만든 겁니다. 트레비어에 오는 사람들 대부분이 직장인이고 홍어를 못 먹는 사람들이 많거든요. 그런 손님들도 무리 없이 먹을 수 있는 수준으로 맞췄어요."

고 대표에게 '핑크피쉬' 이야기를 한 지 한 달도 안 됐는데 그 기간에 발효홍어를 사용한 음식을 몇 가지나 만들어낸 셰프는 울산 현대호텔 주방에서 25년 일하다가 울산 트레비어 본사로 옮겨 온 이창우 이사다. 우리나라 수제맥주회사 1세대인 트레비어는 2003년 울주에서 하우스맥주로 시작해 지금은 울산에 본사가 있고 언양에 공장이 있다. 전국에 프랜차이즈점을 내면서 네트워크를 확장해나가고 있다. 고형석 대표는 전자회사를 그만두고 이런저런 사업을 하며 시행착오를 겪던 중 트레비어에 입사해 영업과 마케팅 일을 했다.

"2018년 트레비어가 호남으로 진출할 계획을 세우고 제가 광주로 가 양림동 한옥을 빌려 인테리어 공사를 하며 준비를 진행했습니다. 당시 트레비어는 아시아문화전당이 매년 개최하는 월드 뮤직 페스티벌을 3년째 후원하고 있었는데 전당에 갔다가 계단에서 굴러서 양쪽 발목이 부러지는 큰 사고를 당했습니다. 수술 받고 투병하느라 일 년 동안 일을 할 수가 없었죠. 한옥 주인에게 위약금을 물어주고 계약을 취소했습니다."

건강을 회복한 후 고 대표는 지인의 권유로 나주 혁신도시를 방문했다.

혁신도시 수제맥주집 트레비어.

"여기에 점포를 내도 좋겠다는 생각이 들었어요. 임대료가 광주보다 싸고요. 공기업에 근무하는 젊은 층이 많고 즐길 수 있는 문화활동 인프라가 부족해서 퇴근 후 마땅히 할 일이 없는 것 같았습니다. 아이러니지만 수제 맥주집을 하기엔 좋은 조건이지요. 마침 건강이 좋지 않아 쉬고 계시던 이창우 이사님 보고 나주에서 같이 일해보자고 했습니다."

2019년 7월 고 대표는 트레비어 나주 혁신도시점을 오픈했다. 반응이 좋아 장사는 오래지 않아 궤도에 올랐다. 독일, 벨기에, 스코틀랜드에서 생산하는 프리미엄급 수제맥주 40여 종류와 트레비어에서 생산하는 국산 수제맥주 열다섯 종류를 판매한다. 가장 많이 취급하는 수입 수제맥주는 벨기에산이다.

고형석 대표는 기왕 나주에서 장사하는 김에 지역과 상생하고 싶었다. 나주에서 나는 쌀을 이용해 나주쌀라거 맥주를 개발한 까닭이다. 나주쌀라거를 만들어 팔자 손님들이 찾기 시작했다. 나주산 쌀을 구입해 울산으로 보내면 공장에서 나주쌀라거를 만들어 보내온다.

"그 지역 특산물을 이용한 브랜드 맥주를 만들면 지역도 좋고 우리도 좋아요. 착향 맥주로 유명한 벨기에에는 별의별 맥주가 다 있잖아요. 나주 쌀라거맥주와 함께 나주 한라봉을 이용한 나주오렌지페일에일, 나주 밀맥주를 만들어 팔고 있는데 반응이 좋습니다."

고형석 대표로부터 흥미로운 이야기를 들었다.

"나주 다시면이 우리나라에서 맥주보리를 가장 많이 재배하는 곳이어요. 타산이 안 맞아 보리농사를 하는 농가는 거의 없는데 다시면 농민들은 맥주회사들과 계약을 맺고 맥주보리를 재배합니다. 진로와 OB에 전량 납품해요."

우리나라에서 재배하는 맥주보리의 상당량이 호남에서 나는데 그 중에서도 나주에서 가장 많이 난단다. 금시초문이다. 쌀농사가 끝난 후 빈 논을 활용해 새로운 소득을 올릴 수 있어 농민들한테 좋은 일이다. 그런데 고 대표가 볼 때는 아쉬움이 많단다.

"군산에 맥아공장이 생긴 거 아세요? 군산시가 수제맥주산업을 새로운 소득원으로 만들어보겠다는 계획을 세우고 지은 겁니다. 그런데 정작 군산에서 생산되는 맥주보리 양은 얼마 안 됩니다. 나주는 군산에 비하면 엄청나게 많은 맥주보리를 재배하고 있어요. 나주를 보면 아쉬워요."

뭐가 아쉽다는 걸까.

"나주엔 스토리와 인프라가 있잖아요. 다시에서 가장 많은 맥주보리를 재배하는데다 농수산식품유통공사aT가 있어요. 협조를 받기 아주 편해요. 또 상당한 양의 우리밀을 비축하고 있는데 보관기한이 지난 비축

밀을 시장에 내놓습니다. 수제맥주 만드는데 사용할 수 있습니다.”

나주의 지역적 특성을 살려 수제맥주를 나주의 새로운 산업으로 육성할 수 있다는 얘기다.

“당장 대규모 수제맥주 공장까진 어렵다 해도 맥아공장은 얼마든지 만들 수 있어요. 맥주보리 생산량이 얼마 안 되는 군산도 하잖아요. 맥아공장에서 생산하는 맥아를 전국의 수제맥주 회사들에 공급하면 됩니다. 지금은 전량 대기업 맥주회사들에게만 공급하고 있어요.”

수제맥주 공장이라고 대규모여야만 하는 건 아니다. 일본 특파원으로 일할 때 미야기현의 유명한 관광농원인 모쿠모쿠팜을 취재한 적이 있다. 농원 안에 작은 수제 맥주공장이 있었다. 관광객들은 견학코스를 따라 공장을 둘러보고 수제맥주를 시음하고 패키지를 구입했다. 그 후 우리나라에도 하우스맥주집이 많이 생겼다.

“작은 규모로도 얼마든지 가능해요. 가령, 나주 원도심에 곰탕 먹으

트레비어는 독일, 벨기에, 스코틀랜드에서 생산하는 프리미엄급 수제맥주 40여 종류와 트레비어에서 생산하는 국산 수제맥주 열다섯 종류를 판매한다.

러 오는 사람들, 딱히 사갈 만한 기념품이 없잖아요. 샌드위치나 꽈배기 같은 걸 많이 사더라고요. 작은 하우스맥주집 같은 게 있으면 좋을 거라 생각합니다."

원도심에 다양한 볼거리 즐길거리 먹을거리가 많아져야 한다는 데 생각이 일치한다. 수제맥주만 파는 줄 알았는데 지역활성화에 대한 고민이 범상치 않다.

"혁신도시는 사람들이 즐길 문화인프라가 너무 빈약해요. 트레비어가 잘 되는 건 역설적으로 회사원들이 퇴근 후 할 게 없다는 뜻입니다. 장사가 좀 덜 되더라도 직장인들 주민들이 즐길 수 있는 문화 콘텐츠가 많아져야 해요."

서울과 차이가 없는 소득수준과 문화욕구를 가진 사람들이 사는 곳인데 그것을 충족시켜줄 인프라가 갖춰져 있지 않다는 건 문제다.

"연극이나 밴드 공연 같은 걸 볼 기회가 거의 없습니다. 돈이 되면 민간에서 사업으로 하겠지만 쉽지 않습니다. 지자체가 관심을 가져야 합니다. 광주에서 매년 하는 사운드뮤직페스티벌 같은 걸 호수공원에서 하면 사람들 엄청나게 몰릴 겁니다. 문화에 대한 갈증이 큽니다. 광주MBC 난장 공연장인 나주정미소 난장곡간이 원도심이 아니라 혁신도시에 있다면 정말 많은 사람들이 보러 갈 겁니다."

콘텐츠가 부족한 것도 문제지만 있는 것이 제대로 알려지지 않는 것도 문제다.

"좋은 인문학 강의 프로그램 같은 것도 있죠. 코로나 사태 탓도 있겠지만 너무 안 알려져서 모르는 사람이 대부분이어요."

영업과 마케팅이 전문인 고 대표는 나주가 특히 홍보 마케팅이 약하

고형석 대표는 지역과 상생하고 싶어 나주 쌀을 이용해 나주쌀라거 맥주를 개발했다. 나주산 쌀을 구입해 울산으로 보내면 공장에서 나주쌀라거를 만들어 보내온다.

다고 생각한다. 동감이다. 지역의 자원을 개발하는 것도 중요하지만 우선 있는 것이라도 널리 알리고 팔아야 한다. 너무 익숙해서 오히려 그 가치를 모르는 경우가 있다.

다시 수제맥주 이야기로 돌아오자. 국내 수제맥주 시장 매출규모는 해마다 급속히 커지고 있다. 2015년 218억 원이던 것이 2020년에는 1,180억 원으로 늘어났고, 2023년에는 3,700억 원에 달할 것으로 추정된다. 수제맥주 시장에서 국산이 차지하는 비중은 2015년 0.47%에서 2023년 7%로 높아질 것으로 예상된다. 국산 수제맥주의 비중이 급속히 높아진 것은 노 재팬 덕이 컸다. 2019~2020 기간 동안 일본 맥주수입은 93% 감소했고, 수제맥주 시장은 86% 성장했다. 수제맥주 시장이 성장하면서 사용되는 맥아량도 늘어났다. 대부분 외국산이고 국산맥아 비율은 10% 정도다. 맥아 소비량이 늘면 덕을 보는 것은 한국 농민들보

다 외국 농민들이라는 얘기다. 한국 맥주시장 성장의 과실을 외국 특히 유럽농가들이 가져가는 셈이다. 맥주보리는 호남에서 가장 많이 재배되고, 다음이 제주도다. 제주도가 많은 것은 제주산 수제맥주 제조에 사용하기 때문이다. 2019년 호남의 맥주보리 재배면적은 7,600여 헥타르ha , 제주도는 2,400여 헥타르다. 호남산 중에서는 전남이 96% 가까이 차지하고 전북이 4% 남짓이다. 전남에서는 나주 다시면이 대부분을 차지한다. (이상의 수제맥주 관련 내용은 성균관대 김관배 교수의 강의자료 참조) 그런데 맥주보리 생산량이 얼마 안 되는 전북 군산이 맥아공장을 세우고 수제맥주 산업을 일으키려 애를 쓰고 있다. 가장 많은 맥주보리를 생산하는 나주는 관심이 없다. 고형석 대표가 아쉽다고 하는 까닭이다.

"혁신도시 공기업 공기관에 근무하는 직원들 수준이 높습니다. 고학력자들인지라 맥주 한 잔을 마셔도 스토리와 히스토리를 알고 싶어 해요. MBC 조승원 기자가 만드는 술 전문 유튜브 채널 '14F 주락이 월드'를 보는 사람들이 굉장히 많아요. 수제맥주도 좋아해요."

고형석 대표는 대한민국 최고의 맥주 전문가인 성균관대 김관배 교수한테 배웠는데, 나주에 관한 이야기가 특히 흥미를 끌었다.

"나주는 수제맥주산업을 일으키기에 최적의 조건을 갖추고 있다. 무엇보다 맥주보리의 최대 산지다. 나주평야에서 나는 쌀, 특산품인 배 같은 과일을 맥주 만드는 데 사용할 수 있다. 농업을 기반으로 기술개발, 유통, 연구과제 등을 수행하는 공공기관이 있다. 이런 여건을 잘 활용하면 맥아와 맥주를 활용해 지역을 활성화할 수 있는 선순환 고리를 만들 수 있다."

나주 여행을 하는 이들, 나주에 출장 오는 분들. 혁신도시에 쌉쌀하고 달콤하고 매콤한 수제맥주와 로컬 안주로 지친 몸과 마음의 피로를 시원하게 날릴 수 있는 곳이 있다. 수제맥주집 트레비어. 고형석 대표가 권하는 수제맥주를 맛보며 맥주에 얽힌 이야기를 듣는 재미가 각별하다. 홍어가 들어간 핑크피쉬 피자와 영산포애닭갈비 안주는 나주에서만 맛볼 수 있는 특별한 로컬 푸드다.

서울.

"왜 나주예요?"

퇴직 후 나주에 내려가 있다고 말하면 돌아오는 질문이다. 여차저차해서 나주를 위해 일해보고 싶어져서라고 하면

"퇴직 후 다들 서울에서 무슨 할 일이 없나 하고 기웃거리는데 안 그래서 보기 좋다, 그런데 그게 쉽겠느냐" 한다.

나주.

"왜 서울이 아니고 나줍니까?"

나주에서 만나는 사람들도 똑같은 질문을 한다. 서울에서보다 조금 자세하게 답한다. 나주에서 자라며 공부하다 상경했기 때문에 유년의 모든 추억이 나주에 있고, 어릴 적 친구들이 있고, 광주MBC 사장 재직 3년 동안 나주와 다시 연이 이어졌고, 지역발전에 도움이 되는 방송을 하려 노력했고, 지자체와 손을 잡고 여러 가지 문화사업을 했고, 이러저

러한 것들이 답답하고 안타깝던 차에 퇴직하면 나주를 위해 일해 보면 어떻겠느냐 말하는 사람들이 생겼고, 처음에는 전무하던 생각이 '그래, 힘들겠지만 도전해볼 가치가 있겠다'라는 데까지 커져서 그렇게 된 거라고.

여기서 "아, 그래요? 잘 생각하셨습니다" 하면 다행이지만 연이어 묻는 사람들이 있다.

"서울에서 더 큰 일을 해도 되실 텐데요. 왜 지방으로 오신 건지 여전히 잘 이해가 안 갑니다."

서울과 지방을 비교하고 지방에서 하는 일이 서울만 못하다고 스스로 비하하는 사고가 놀랍지만 내색하지 않는다. 높이 평가해주는 건 고마운 일이나, 큰 일을 해도 될 사람은 주로 국회의원 같은 정치인을 염두에 두고 하는 말이니 당혹스럽다. 몇 사람을 제외하고 정치인을 큰 일하는 사람이라고 생각해본 적이 없다. 아니 큰 일을 하는 사람일진 몰라도 존경할 만하다고 생각하는 이는 드물다. 그래도 성의껏 설명한다.

"생각지도 않게 인생행로가 바뀌었다. 애초에 정치에 뜻이 있었으면 서울에서 했을 것이다. 늘 그리웠던 곳에서 보람 있는 일을 해보고 싶어서 온 거다, 하고 싶은 일들이 많다. 작은 도시(사실은 나주의 면적이 서울보다 여의도 하나만큼 더 넓다)인지라 짧은 기간에 눈에 띄는 변화를 이뤄낼 수 있지 않겠느냐."

광주MBC 사장으로 일하면서 주말이면 가끔 오토바이를 타고 나주 여기저기를 가볍게 구경했다. 나주에 내려온 후에는 구석구석을 자세히 탐방했다. 나주는 제주도처럼 유명한 국제관광지는 아니지만 수없이 많은 흥미진진한 스토리와 역사문화인물 자원이 있다. 잘만 활용하면 모두 훌륭한 관광자원이다. 보고 듣고 느낀 것을 SNS에 "송일준의 나주수첩"이란 타이틀로 연재했다.

나주에 산 7개월 동안 띄엄띄엄 쓴 글이 어느 새 책 두 권 분량이 되었다. 아직 다 돌아보지 못했으니 여전히 써야할 것들이 많지만 일단 책으로 묶어내기로 했다. 나주만을 소재로 한 여행서로는 처음이지 않을까. 37년의 방송 생활을 마치고, 작년 5월 써낸 〈송일준 PD 제주도 한 달 살기〉에 이은 제2탄이다. 책을 다 읽고 나면 더 이상 "나주요? 나주배, 나주곰탕… 또 뭐가 있더라?"라는 말은 안 하게 되지 않을까.

책을 읽고 나주를 여행하고 싶어지면 지체 말고 떠나시라. KTX나 SRT를 타면 당일치기도 가능하고 자동차라면 며칠 숙박여행도 좋다. 나주에 오게 되면 연락하시라. 혹 아는가. 시간이 나면 직접 안내해드릴 수 있을지.

2022년 1월 25일
나주 영산포 '1989 삼영동커피집'에서

송일준의 나주 수첩 ❷

초판 인쇄   2022년 2월 3일
초판 발행   2022년 2월 10일

지은이   송일준
펴낸이   김상철
발행처   스타북스
등록번호   제300-2006-00104호
주소   서울시 종로구 종로 19 르메이에르종로타운 B동 920호
전화   02) 735-1312
팩스   02) 735-5501
이메일   starbooks22@naver.com
ISBN   979-11-5795-630-2 04980
          979-11-5795-628-9 (세트)

ⓒ 2022 Starbooks Inc.
Printed in Seoul, Korea

• 잘못 만들어진 책은 본사나 구입하신 서점에서 교환하여 드립니다.
 이 책은 저작권법에 의해 보호를 받는 저작물이므로 무단전재와 무단복제를 금합니다.